U0163519

谁掌握了气味，谁就掌握了人心。
——《香水：一个谋杀犯的故事》

湖 岸
Hu'an *publications*®

湖岸®
Hu'an

JEAN-CLAUDE
ELLENA

香水
气味的炼金术

LE
PARFUM

［法］让-克罗德·艾列纳/著 孙钦昊/译

GUANGXI NORMAL UNIVERSITY PRESS
广西师范大学出版社
·桂林·

图书在版编目（CIP）数据

香水：气味的炼金术 /（法）让 - 克罗德·艾列纳著；
孙钦昊译 . —— 桂林：广西师范大学出版社，2021.3
ISBN 978-7-5598-3535-2

I．①香… II．①让… ②孙… III．①香水—研究
IV．① TQ658.1

中国版本图书馆 CIP 数据核字 (2021) 第 006146 号

香水：气味的炼金术
XIANGSHUI: QIWEI DE LIANJINSHU

策　　划：湖　岸
责任编辑：叶　子　韩亚平
装帧设计：尚燕平

出版发行：广西师范大学出版社
　　　　　广西桂林市五里店路 9 号　邮政编码：541004
网　　址：http://www.bbtpress.com
出 版 人：黄轩庄
印　　刷：北京华联印刷有限公司
　　　　　北京经济技术开发区东环北路 3 号　邮政编码：100176
开　　本：889 mm × 1194 mm　1/32
印　　张：11.75　　字数：118 千
版　　次：2021 年 3 月第 1 版　　2021 年 3 月第 1 次印刷
定　　价：98.00 元

■如发现印装质量问题，影响阅读，请与出版社发行部门联系调换。

致　　　　　苏　珊　娜

目录

导言

20 世纪初的实验室充满了各种气味，调香师披着白色外套，面对一调香台的原料而坐，创作他的香水。他与自己的原料有着密切的、实在的关系。香水配方就像食谱一样，原材料的单位用体积表示：升、分升¹、厘升²、滴，有时候甚至是"一小撮"。他的仪器包括小玻璃瓶、烧杯和滴管。他的产品：树脂、净油、精油、洗剂、浸剂——所有这些都源自植物的物理反应——还有许多当时发现的化学成分。

今天，一座别墅充当了我的工作室。它坐落于白色与灰色的石块之中，看起来似乎很严肃。只有几丛金雀花和野生薰衣草盛开着。客厅里有几扇枣红色的宽敞的

1. 分升：容积单位，相当于于十分之一升。——译注（本书脚注如无特殊说明均为译注）

2. 厘升：容积单位，相当于百分之一升。

窗户，这里现已改造为办公室兼工作室。

夏天，这里沐浴在光芒之中，阳光穿过意大利石松伞状的枝丫。在冬天，这里一片萧索，树木泛着铜绿色。天气好时，我可以从办公室看到地中海，左侧海岸是格拉斯一带的阿尔卑斯山麓，右边则是埃斯泰雷勒山脉¹。为了思索、写下一款香水的配方，我会尽可能远离实验室，远离产品，然后展开工作，以免受到它们的气味的影响——这些一定会妨碍我的嗅觉。在我的桌子上，摆着几十个密封的小瓶子、几张纸、几支铅笔、一块橡皮，还有小舌状的闻香纸——它们细细长长，插在一个瓶子里。

1. 埃斯泰雷勒（Esterel）山脉：地中海沿海的山脉，位于法国东南部的普罗旺斯地区。

通过我的嗅觉记忆，我挑选、记下、比较、复配数十种芳香成分。无论闻起来是
好是坏，都没关系，这些材料就像词语，能让我讲述故事。香水有其自身的句
法、语法。我的鼻子不过是一台测量仪器，能够测试、对比、评估，从而记录、
纠正、恢复当前的工作。

我有一位助手协助处理工作。她的主要任务就是称量配方，要求精确到毫克，同
时协助整理、合理管理我的香料库，检验每一种原料品质。

现代香水业的诞生

现代香水业始于 19 世纪末。在此之前，香水业是贵族和手工业者专属的，随着技术进步，整个产业得到了解放，资产阶级取得了工业胜利，传统方法被取代。

当时的香水制造商包括：阿里（Arys）、阿涅尔（Agnel）、彼查瑞（Bichara）、卡朗（Caron）、克拉米（Clamy）、康瑞（Coudray）、科蒂（Coty）、德莱特雷（Delettrez）、埃米莉亚（Emilia）、费利克斯·波坦（Felix Potin）、加比亚（Gabilla）、格拉维耶（Gravier）、格勒努耶（Grenouille）、娇兰（Guerlain）、婕珞芙（Gellé Frères）、霍比格恩特（Houbigant）、蓝瑟瑞克（Lenthéric）、鲁宾（Lubin）、米罗（Millot）、米里（Mury）、慕莲勒（Molinard）、奥赛（d'Orsay）、

皮诺（Pinaud）、皮维（Pivert）、里高（Rigaud）、玫瑰心（Rosine）、香邂格蕾（Roger & Gallet）、维奥莱（Violet）和沃尔奈（Volnay）。这些名字通常来自品牌所有者的名字：董事长、财务总监、生产经理，以及——当然——调香师。

虽然，诸如洗剂、浸剂、净油等常规产品依然来自格拉斯的工厂，但调香师也迅速领悟了化学产品的优势。这些原料分子都是科技进步的产物，通常在法国罗讷河两岸的工厂，还有一些特定的德国工厂，比如席梅尔工厂（Schimmel）和哈门雷默 [1]（Harmaan & Reimer）那里合成。调香师们毫不犹豫地在自己的作品中使用这些成分。

1. 化学家费迪南德·蒂曼和威廉·哈门首次成功合成香兰素之后，二人于 1874 年成立了哈门雷默公司。1953 年，哈门雷默被德国拜耳集团收购。2003 年，哈门雷默和德威龙宣布合并成立德之馨公司。

在巴黎市郊的工厂，人们调制、筹备、包装香水。绝大多数商店都位于皇家街、圣奥诺雷市郊路、歌剧院大街和旺多姆广场，或者在大城市，像里昂、里尔、波尔多、马赛的市中心。他们还在国际大都市设有品牌商店，比如莫斯科、纽约、伦敦、罗马以及马德里。

现代香水工业的根基是化学。经无数实验研究精油成分，化学家创造了最早的合成分子。比如，在 1900 年，人们发现了玫瑰中的 8 种成分；20 世纪 50 年代又发现了 20 种；60 年代，识别出的成分达到 50 种；等到 20 世纪末，这个数字已经超过了 400 种。如今，合成物质应用广泛，诸如醛类、紫罗兰酮、β- 苯乙醇、香叶醇、香茅醇、乙酸苄酯、香豆素和香兰素，都可以追溯到 20 世纪头十年，其中部分合成物质并不存在于自然界，比如羟基香茅醛和最早的合成麝香。

20 世纪早期的调香师熟悉天然物质的复杂性，而这正是合成物质所缺乏的。虽然很有趣，但人们仍认为合成物质颇为粗糙，有时甚至令人不快。为了补救这一点，这些成分的生产商将天然成分与合成成分混合，创造出一种和谐的混合物——这就是现代香水的第一阶段。

尽管化学家的首要任务是理解自然，但对调香师而言，却在使用合成材料的过程中获得了一种解放——人们不再将自然作为强制性标准，这为创作开启了新的视野。因此，调香师口中的"琥珀"既不是那种演变为化石的黄色树脂，也不是抹香鲸的肠道分泌出的龙涎香，而是一种干燥的气味成分。19 世纪末，随着香兰素的发现，香水业诞生，而琥珀就是生产出的第一种抽象气味。香兰素（合成成分）和劳丹脂净油（天然成分）的这种简单组合竟构成了一种气味标准，由此诞生了数量惊人的香水创作。

20 世纪早期的香水名，有的偏爱比喻，有的是叙述性的，常常直接采用花的名字：玫瑰、香豌豆、紫罗兰、天芥菜、仙客来；或者就是更令人浮想联翩的名字，比如 "古香琥珀"（Ambre Antique）、"在梦中"（Faisons un Rêve）、"皇族之花"
（Quelques Fleurs）、"珍妮特之心"（Cœur de Jeannette）、"西普"（Chypre）、"只爱
我"（N'aimez que Moi）、"阵雨过后"（Après l' Ondée）等。正是得益于科学的分
子，创意出现了不定性。从这些当时所谓的 "人工香水" 中，诞生出了 20 世纪
之后香水的原型。'

在这个法国所擅长的艺术行业之中，有两个人的影响格外深远。

第一位是弗朗索瓦·科蒂（François Coty）。对于这位野心勃勃的调香师而言，香

水首先是一件用来欣赏的物件。他遇到了勒内·拉利克（René Lalique）——玻璃珠宝大师，后者和他同样在旺多姆广场开设门店。他们的首次合作是"清风拂面"（L'Effleurt, 1907）：这是第一次专门为香水设计香水瓶。弗朗索瓦·科蒂颠覆了传统：他在店内橱窗只陈列一款香水，而且别出心裁，在商品目录中只列出20种气味，用几句话总结了他的个人理念：

准备一件最好的产品，配上完美的瓶子，于简洁中流露美感，品位无可挑剔，提一个合理的价格，然后献给女士——你会目睹一个崭新的商业就此诞生，在这世界上前所未见。[1]

1.Élisabeth Barillé. Coty : Parfumeur Visionnaire [M].Paris : Assouline, 1995.——原注

第二个则是保罗·波烈（Paul Poiret）。他是一位充满贵族气质的著名时装设计师。他的作品充满了美、叛逆、幻想、挑剔、热情和欢乐；他展现了美好年代[1]的时髦花哨，漫不经心却又活力四射。更重要的是，他深谙给自己的产品打上品牌烙印的重要性，是首个在自己的产品上标记品牌的时装设计师。

他聘请了一位训练有素的化学家莫里斯·沙勒（Maurice Shaller），为自己推出了"玫瑰心"（Les Parfums de Rosine）品牌香水，成为第一位聘请调香师的时尚设计师。1910 到 1925 年期间，莫里斯·沙勒和后来的亨利·阿尔梅拉（Henri Almeiras）为他调制了 50 多款原创香水。香水包装出自保罗·波烈的艺术学

1. 美好年代：法兰西第三共和国的一段时期，传统上指 1871 年（普法战争结束）到 1914 年（第一次世界大战爆发）。美好年代对应英国的维多利亚时代末期和爱德华时期，主要特征包括：乐观主义、区域和平、经济繁荣、帝国殖民顶峰、科技文化创新。那时，巴黎更是艺术繁荣的摇篮。

校——马蒂娜工作室（l'Atelier de Martine，名字取自他的一个女儿），绝大多数香水瓶都由他本人设计。

从这时开始，时尚设计、品牌和香水之间开始建立牢不可破的联系。在 20 世纪 20 年代初，时尚设计师进入香水领域，如卡洛姐妹（soeurs Callot）、嘉柏丽尔·香奈儿（Gabrielle Chanel）、让娜·浪凡（Jeanne Lanvin）、让娜·帕康（Jeanne Paquin）、让·巴杜（Jean Patou）、吕西安·勒隆（Lucien Lelong）以及玛德琳·薇欧奈（Madeleine Vionnet）等人，为调香师团体注入新的催化剂。

在《雅致》（*L'Excelsior*）杂志中，时尚的作家科莱特（Colette）分析了这种联合："时尚设计师比任何人都更了解女人需要什么，什么更适合她们……在他们手中，香水成了日常洗漱用品的补充，其蓬勃发展之势难以估量，不可阻挡，成为非必需品中最必需的……香水必须展现时代旋律，清晰直接地表达我们时代的潮流和品位。"

卡洛姐妹仅在自己的门店为顶级顾客提供几款独家香水，香水命名为"爱的婚礼"（Mariage d'Amour）、"中国皇帝的女儿"（La Fille du Roi de Chine）、"美丽的蓝鸟"（Bel Oiseau Bleu）。被保罗·波烈戏称为"高级愁苦"[1] 的嘉柏丽尔·香

1. 嘉柏丽尔·香奈儿喜欢在时装中选择黑白色，这在保罗·波烈看来是维多利亚时代以来的葬礼专用色。

1. 拉雷特公司: 1843 年成立于莫斯
科, 1896 年被法国格拉斯希里公司
收购。随着十月革命爆发, 拉雷特
俄罗斯公司资产全面国有化, 公司
重新在法国成立, 并于 1926 年被出
售给弗朗索瓦·科蒂。

2. Edmonde Charles-Roux.
L'Irrégulière : Ou mon itinéraire
Chanel [M], Paris : Éditions Grasset
& Fasquelle, 1974. ——原注

奈儿也想为顾客提供香水, 遂联系拉雷特公司[1] (Rallet) 来调制一款香水。拉雷特是香水行业的原料供应商, 位于戛纳附近的拉博卡地区。它成为首家"受委托调制香水"的公司。在这里, 嘉柏丽尔·香奈儿遇到了自己未来的调香师埃内斯特·博 (Ernest Beaux), 并将香水业务托付给妙巴黎 (Bourjois) 化妆品公司的所有者皮埃尔·韦尔泰梅 (Pierre Wertheimer), 让他同自己一起经营。香奈儿以其简洁素净的品味著称。她曾简单地总结自己对香水和香水瓶的看法:"假如我是一名调香师, 我会把所有东西都用在香水上, 而不在展示中投入丝毫……并且, 要想无可替代, 我就要这款香水价格极其昂贵。"[2] 1921 年,"香奈儿五号"(Chanel N° 5) 诞生了。

让娜·浪凡聘请了法国吕齐侯爵夫人公司专用调香师的儿子安德烈·弗雷斯（André Fraysse）。他在 1927 年调制了"琶音"（Arpège），1932 年调制了"丑闻"（Scandale）。另一位著名的时尚设计师让·巴杜聘用了刚刚离开"玫瑰心"香水的调香师亨利·阿尔梅拉为自己调制香水。这些作品大多选用美国化的名字，诸如"鸡尾酒"（Cocktail）、"殖民地"（Colony）和"喜悦"（Joy）。

当然，最"高产"的时尚设计师兼香水商仍是吕西安·勒隆。他的创新之处在于香水瓶的柜面展陈，而且在 1925 年至 1950 年间，推出了多达 40 款香水。最后是最具创新精神的时尚设计师玛德琳·薇欧奈：直接在女性人体模型上创作。她发布的香水一般都是大都会叠名，比如"巴黎，巴黎"（Paris, Paris）、"纽约，纽约"（New York, New York）、"米兰，米兰"（Milan, Milan）。

1925 年的国际装饰艺术博览会上，调香师和时装设计师相互竞争各自的想象力创意。当时主导的调香师有：娇兰，他为这次展会创作了"一千零一夜"（Shalimar）；鲁宾，展出了不朽的"鲁宾之水"（Eau de Lubin）；提供了最丰富的产品的皮维；伟大的时装设计师保罗·波烈，他带来了"玫瑰心"香水；当然，还有弗朗索瓦·科蒂。

30 年代，科蒂可谓是"香水之王"，但他极端的政治主张和狂妄自大的个性最终导致他负债累累。随着生意逐渐没落，1934 年，他与世长辞。但科蒂的品牌在美国得以幸存，成为今天众所周知的大众市场香水公司。受美国人伊丽莎白·雅顿（Elizabeth Arden）和意大利设计师艾尔莎·夏帕瑞丽（Elsa Schiaparelli）的影响，巴黎的香水瓶设计开始具象化，时而古灵精怪，时而无礼戏谑。出于和艾尔莎·夏帕瑞丽的友谊，超现实主义画家萨尔瓦多·达利 [1]（Salvador Dali）为她设计了"太阳王"（Roy Soleil）香水瓶：金色的贝壳外盒巧妙地贴合瓶身的海洋感设计；瓶塞则是太阳的模样，其中一束光芒伸入瓶中，蘸取液体。

1. 萨尔瓦多·达利（1904—1989）：著名的西班牙超现实主义画家，亦涉足电影、雕塑、摄影等领域。其作品大胆、奇异、与众不同、天马行空，代表作《记忆的永恒》。

1931 年，世界经济危机袭击法国。1936 年，人民阵线 [1] 出现，重现了往日旧梦。这是大众商品首次出现的岁月：洗发水、防晒油、洗衣粉……这些产品的气味一直留在我们的记忆中。

第二次世界大战之后，香水仍是资产阶级的特权。当时赫赫有名的香水包括：科蒂的"西普"，霍比格恩特的"皇族之花"，娇兰的"蝴蝶夫人"（Mitsouko）、"蓝调时光"（L'Heure Bleue）、"一千零一夜"和"午夜飞行"（Vol de Nuit），卡朗的"金色烟草"（Tabac Blond），香奈儿的"五号"、浪凡的"琶音"以及丹娜的"禁忌"（Tabu）。巴黎解放后，马萨尔·罗莎（Marcel Rochas）授意独立调香

1. 人民阵线：由法国社会党、激进社会党、共产党和工会组织的全国规模的反法西斯示威，要求改革社会经济，保卫民主制度，包括取缔法西斯组织、提高工人工资、设立失业基金、增税大资产阶级。

师埃德蒙德·鲁德尼兹卡（Edmond Roudnitska）创作了这一时期的新作品"女士"（Femme）。热尔梅娜·塞利耶（Germaine Cellier）为罗拔贝格创作了"匪盗"（Bandit），让·卡莱斯（Jean Carles）则为迪奥创作了"迪奥小姐"（Miss Dior）——这两位调香师都是香料制造商鲁尔-贝特朗·杜邦[1]（Roure-Bertrand）公司（现属奇华顿）的调香师，这家公司为所有新生代时尚设计师创作香水。巴黎再一次成为时尚的灯塔：在高级定制之后，它又为我们奉献了香水。

50 年代，主导性的嗅觉主题是铃兰，诸如巴尔曼的"绿色草园"（Vent Vert）、卡朗的"幸福铃兰"（Muguet du Bonheur）、妙巴黎的"第一铃兰"（Premier

1. 鲁尔-贝特朗·杜邦：1820 年，创始人克劳德·鲁尔在法国格拉斯成立了鲁尔-贝特朗香料公司；1926 年与朱斯坦·杜邦公司合并为鲁尔-贝特朗·杜邦公司。20 世纪 90 年代与奇华顿合并。

Muguet）以及迪奥迷人的"迪奥之韵"（Diorissimo）。对于男士们，根茎和木材

成为主角，体现出严肃、优雅的气质：卡纷（Carven）、纪梵希（Givenchy）和娇

兰推出了各自的"香根草"（Vétiver）香水。

在 60 年代的消费主义浪潮中，位于美国的国际香精香料公司（International Flavors

and Fragrances，缩写为 IFF）和瑞士公司芬美意（Firmenich）、奇华顿（Givaudan）

开始重视才华横溢的调香师，成立各自的香水设计中心，创办香水学校，培训自

己的调香师。

科研水平不断发展，新的分析技术得以运用，比如气相色谱法和质谱法可以帮助化学家更快"解析"鲜花萃取物的组成。人们也会运用这些分析工具来研究竞争对手、破译市场上的现存香水。使用这种方法设计出的合成感更加明显的新香水，反过来又成为未来大众消费的产品原型。

1966 年，迪奥发布了"清新之水"（Eau Sauvage），立刻风靡世界。这款淡香水简洁而不失严谨，革新了香水业，催生出数不胜数的"变种"。围绕着一个"水"字，男香、女香、中性香水层出不穷。四十多年后，"清新之水"在市场上依然魅力不减。

70 年代见证了新角色——珠宝商——登上香水舞台。1976 年，梵克雅宝发布了第一款香水"初遇"（First），1981 年，卡地亚带来了"唯我独尊"（Must）。

奢侈香水市场发生了一次从"直观营销"到"需求营销"的转变。前者以特定阶层的选择为特征，他们注重生活方式，又狂热追捧品牌、商品和限量生产。而"需求营销"则会分析竞争、市场、文化、经济和社会背景。这种营销策略会把沉醉、幻象和激情具象化为符号和象征，从而创造出欲望的对象。随着 1976 年圣罗兰"鸦片"（Opium）的发布，香水打破了逃避主义和感官享乐的禁忌。这款香水呈现出了神秘感与神圣性，成为永恒的女性特质的化身。"鸦片"受到雅诗兰黛"青春朝露"（Youth-Dew）的启发，并在推出时投入了巨额广告费用，是法国对三年前美国露华浓发布"查理"（Charlie）的新闻宣传活动的回应，也是第一款试图兜售生活方式的香水。1978 年，卡夏尔（Cacharel）推出"阿奈丝，阿奈丝"[1]，表达了一种不同的生活方式，他们委托摄影师萨拉·穆恩[2]（Sarah Moon）为此款香水拍摄了一组照片，以表现同名女作家所暗示的天真与性感并存的双重气质。

从此，许多香水都按照这种美国模式发布，即在广告上投入大量资金。随之而来的是香水浓缩液的预算减少了一半。为满足营销人员的需求，生产商首次发布了

1. 灵感来自女性主义作家阿奈丝·宁（Anaïs Nin）。

2. 萨拉·穆恩（1941— ）：著名法国模特、女摄影师。20 世纪 70 年代起从事时尚摄影。与卡夏尔的长期合作为她带来了名誉声望，并接到香奈儿、迪奥、川久保玲等时尚品牌的委托。

香水分类，并根据假定的客户类型进行市场测试（参考"市场营销"》章节）。

为满足生产需求，香水业对如何重组天然香料开展了大量研究，这催生出顶空萃取之类的新技术。最初为清洁产品开发的强效成分，如麝香，用量也大增。像法国"新式烹调"一样，随着合成原料的使用增多，新出的香水增强了自身的表现力和持久性；同时，它们也失去了早期香水的饱满、馥郁和醇厚感。

到了 80 年代，一切都变得商品化：文化、文学、音乐、时尚……当然，还有香水。当时的香水明星是比华利山的"乔治"（Giorgio, 1981），以及迪奥以爱与死为主题的"毒药"（Poison, 1985）。同时，在洗涤剂和柔顺剂出现快几十年之后，人们渐渐习惯了来自这些产品的气味分子，也开始接受在淡香水中使用那些标志着"洁净"的气味成分。这类香水简单、线性[1]、清晰可辨，主要运用于男士商品。欧洲有姬龙雪的"黑色达卡"（Drakkar Noir, 1982）和大卫杜夫的"冷水"（Cool Water, 1988），美国则有凯文克莱的"永恒"（Eternity, 1989）。

到了 90 年代，市场营销人员回应当时的社会趋势，接受了"新纪元运动"（New Age）的影响。"新纪元"是起源于美国加州和英国苏格兰的一场精神领域的运动，其核心理念就是以神秘主义为个人幸福的来源，重返自然，拒绝进步。从 1988

1. 线性香水指前中后调没有变化，味道像线一样延长，贯穿全程不会改变，"所闻即所得"的单一气味的香水，稳定性相对较好，但气味缺乏层次。

年雅男仕的"新西部"（New West）开始，接着是凯文克莱的"逃避"（Escape, 1991）和高田贤三的同名男士香水（Pour Homme, 1991），调香师将这场精神运动转化为特定的气味符号，比如海洋。于是，海洋调席卷香水市场，以致泛滥。

那些年里，男男女女在这个混乱的世界中普遍感到迷失，所以从宗教、音乐到服饰，各个领域都在强调身份认同。层层的装饰和标志被设计出来以表明使用者从属于同一个部落。凯文克莱在中性淡香水"唯一"（CK One, 1994）的宣传广告中再现并阐释了这些符号。但与60年代——在当时，中性淡香水是一种社群性的表达，"为了你和我"——形成鲜明对比的是，1994年，中性淡香水被视作个体性的表达，即"为了你或我"。药瓶风格的瓶身设计传达的"非愉悦"的信息消解了消费带来的罪恶感，作为"干净和平等"的产物，它将我们带入关注卫生的时代。

政治正确的结果就是市场上出现了一种新的学院派。雅诗兰黛的"美丽"香水（Beautiful, 1986）在广告策略中表达了传统的复兴；伊丽莎白雅顿也通过"真爱"（True Love, 1994）表现了相同的含义。

为回应这种清教徒式的价值观，法国一头栽进感官和贪欲的激流：棉花糖、巧克力、茶、无花果、李子、果仁糖、甘草，诸如此类。这种新趋势下的第一款作品就是蒂埃里·穆勒的"天使"（Angel, 1992）。

两种文化——拉丁文化与盎格鲁－撒克逊文化——就这样在香水的星球上无尽地对抗着。

在美国的影响下，香水业研究的焦点转移到对真实性的探索上。新的技术和工具被开发出来——像是固相微萃取（SPME）和二氧化碳萃取法，用以捕捉"自然的本质"。

到了 21 世纪初，法国和美国分享了国际香水市场。10 家集团占有了 60% 的市场份额。特定香水牢牢占据主导地位，香水的形式变得相似，越发缺乏个性。新产品层出不穷，产品的生命周期越来越短，包装越来越有噱头，广告成了其中必不可少的部分。在全球化背景下，消费者的口味变得越来越一致。

为了与之对抗、拒绝妥协，新品牌如雨后春笋般涌现：别样公司（The Different Company）、蒂普提克（Diptyque）、德瑞克·马尔（Les Éditions de Parfums Frédéric Malle）、芦丹氏（Serge Lutens）、阿蒂仙（L'Artisan Parfumeur）……这类沙龙香水不做广告或市场测试，致力于恢复香水作为奢侈品的形象，并构造新的欲望对象。2004 年，爱马仕聘用一名调香师作为香水设计总监。2006 年，路威酩轩集团（LVMH）紧随其后，先为迪奥聘请了一名调香师；2008 年，在传统中断了数年之后，公司重新为娇兰聘请了一名内部调香师；2011 年，轮到了路易·威登。

在 21 世纪初，众多品牌都将调香师置于行动的核心，以此表明其对品质和创意的追求。

鼻 子 与 气 味

没什么比气味更放肆的了。

——让·季奥诺

在所有感觉中，嗅觉是最普遍的，无论是空中、水中、陆上还是地下的动物，哪怕细菌都有检测气味的感觉系统。尽管人类的嗅觉比起其他动物（如猫、狗）弱了很多，却与情感生活紧密相关：篝火、衣服和皮肤的香气令人陶醉；已失去的人留下的久未散去的味道又会带来悲伤；香水、红酒或者一道菜会激发欲望和愉悦感；医院里象征疾病的气味让人嫌弃；烟、瓦斯、污染物的气味则会引起警觉……

首先，嗅觉和视觉一样，需要一定距离来运作。作为强大的检测机制，嗅觉帮助个体和物种生存。下面列举的一些事实，有助于我们更好地理解这个被低估的感觉。

嗅　觉

嗅觉中枢：位于鼻腔的上部区域。每侧鼻孔内部的上皮组织表面积约 2 到 5 平方厘米，包含 600 万到 1000 万个嗅觉神经受体，在这一上皮组织的作用下，嗅觉中枢能让我们"立体"地感受气味。这是我们嗅觉系统的第一阶段。

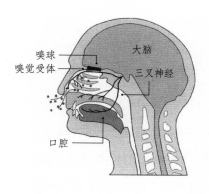

嗅觉系统

。主要嗅觉系统（包括三个层级）

上皮：该组织区域包含数百万个受体细胞。每个细胞都附带数十根纤毛，纤毛上分布着受体蛋白，浸润在一层薄薄的黏液中。我们呼吸的空气所携带的气味分子必须溶解在这种水性介质中，短暂停留在纤毛上，才能被检测到。每个受体细胞只能表达一种化学受体。这些受体细胞有一个重要特征：每 30 到 40 天会再生，从而保证嗅觉检测的持久性和效果。

嗅球：位于头盖骨底部的一条纤薄多孔的骨片上。嗅觉神经穿过这些孔洞，将嗅球与上皮组织连接起来。纤毛一旦捕捉到气味分子，受到刺激的化学受体就会向受体细胞发出电信号，受体细胞经由嗅觉神经聚集到嗅球的特定区域。嗅球像过滤器一样运作，部分地识别信息、压缩信息，并通过嗅束输送信息给大脑，大脑会对其进行处理。

大脑：信息从嗅球经由嗅束被传送至嗅皮层，然后分类输送到大脑的不同区域，比如杏仁核、海马体、丘脑和眶额皮层。其中许多结构属于大脑边缘系统，用于处理记忆和情感。由于嗅觉是唯一直接关联大脑边缘系统的感觉，所以气味会对情绪产生强烈影响。

。三叉神经系统

除了主要嗅觉系统，其他的感觉系统也可以捕捉化学分子，其中就包括三叉神经系统。

三叉神经系统连通味觉系统与嗅觉系统，在我们进食的时候运作，对味觉产生影响。它的运作路径不同于嗅球：三叉神经连接着眼、口、鼻。由于任何呛人、强烈、辛辣、刺激性的味道都会刺激三叉神经系统，它就像一个实时预警系统，保护人类免受酸类、氨类和其他有毒化学试剂的危害。也正是三叉神经让我们获得香辛感，还有薄荷味带来的清凉感觉。

气　味

。检测气味

科学界对嗅觉的生理学原理较为关注，相比之下，面对日益激烈的竞争，香水行业寻求掌握香料的配方技术，以生产出可测量且具有竞争力的产品。为此，我们已经开发出相应的工具来测量"曾经不可测量"的气味。

由于气味取决于空气中存在的分子数量和其中每一种分子的强度，香水公司便发明了"嗅觉值"的概念，这是基于另外两个测量值的比率所得到的数值，即"蒸气压"和"检测阈"之比。

。蒸气压

通过顶空技术让气味分子散发出来，并对后者进行量化，从而测定芳香物质的挥发性。蒸气压的测量单位是微克／升，即每升空气中含有的分子的微克数 [1]。

1.1 微克为 10^{-6} 克。

例如，香兰素的蒸气压很低，为 2 微克 / 升，这使它成为一种可以持续很久的低挥发性物质。相比之下，乙酸异戊酯（香蕉气味）的蒸气压较高，为 24000 微克 / 升，因此这种物质的气味不到一分钟就会消失。

。检测阈

气味可被检测出的最低浓度。用于测量检测阈的方法是"嗅觉测量法"。检测阈的单位是纳克 / 升，即每升空气中含有的分子的纳克数 [1]。

1.1 纳克为 10^{-9} 克。

例如，香兰素的检测阈是 0.02 纳克 / 升，这意味着该成分在稀释度非常高的情况下仍可被人感知到。相反，乙酸异戊酯的检测阈很低，为 95 纳克 / 升，一经稀释就检测不到了。然而，需要注意的是：检测阈因人而异，并且人对气味的敏感度随着年龄增长而下降。

根据蒸气压和检测阈之间的比率，芳香物质会被用于产生特定类型的效果，包括扩散度、表现力和持久性。不过，这些测量方法只是测量了调香师在实践中通过经验已经了解到的东西，为香水业提供了一个客观地基而已。

。区分

"我不知道有什么东西没有气味。"在学徒阶段，我不仅学会了如何区分埃及、意大利或格拉斯的茉莉浸膏气味，还要判断萃取净油所使用的蒸发器：材质是铜、锡、不锈钢还是玻璃的？最后这步区分非常精密，所以需要进行比较性检验。随着时间的推移，我渐渐感觉到：铜器制取的香料较为圆润，锡器制取的香料闻上去优雅，不锈钢制取的香料带有金属感，玻璃制取的香料则寡淡……这些例子表明：经过一定训练，鼻子很容易辨别气味间的差异。

我们都可以区分一瓶葡萄酒中的三四种口味，或者一款香水中的三四种气味。对于专业人士，这种差别的阈值提高了十倍。通过这种慢慢掌握的技能，调香师不仅可以创作香水，还可以复制香水。如果说区分出各种香料已经不那么容易，那么明确识别出它们就更难了，因为识别与记忆有关。香水行业开发出了 10000 个气味分子，一名专家只能真正识别出其中的十分之一。

。相对性

环境在变化，感觉——无论是视觉、听觉、触觉、嗅觉还是味觉——总是相对的。这些感觉并非各行其是，而是彼此相关联、前后相继、相伴相随，所以我们所体验到的感觉其实是各种状态之间的联系。由于不存在所谓"绝对嗅感"，如果我们依次闻到两款不同的香水，就无法只从它们自身出发去评判它们。

只有当我们需要判断同一款香水的两种版本的表现力和质量时，这种状态间的联系才会有用。

○ 知觉

知觉不同于检测分析。在意识的作用下，我们的诸感觉所构建的对象被再现出来，从而形成了知觉。我们对一款香水的知觉存在个体差异，不仅因为我们对嗅觉的关注程度存在差异，显然也因为我们的训练与学习存在差异。

。增强敏锐度

锻炼感官可以提高我们的敏感度。因此，如果有人连续十周接触一种新味道，然后用 MRI（磁共振成像）定期测量大脑中的味觉投射区域，就会看到该区域范围扩大，敏锐度增加。从实际生活来看，我们都记得，二十年前的茶叶寡淡无味，以至于喝茶就像喝注射液。后来，关于茶饮料的科普以及围绕茶所展开的激烈市场竞争，令法国人也成为饮茶专业户。专卖店开张了，种类足够满足各种不同口味的饮茶者，甚至法式饮茶品味已经越过英吉利海峡，赢得了对岸英国的尊重。而今，一个咖啡机品牌正在致力于知识普及，让大众熟悉咖啡的不同口味，以期建立市场支配地位。

。感我所知

当你看到一个番茄红彤彤、圆滚滚、富有光泽，哪怕还没尝上一口，你就可以判断这是一枚挺好吃的番茄。事实上，大脑只能看到自己所期待的内容，只能感受到自己所期待的感觉，也只能听到自己所期待的声音。这种机制会让你在听完一段旋律之前就轻声哼出同样的曲调，我们可以从这样的练习中获得乐趣。同理，许多香水在发布之初被忽视了；但是通过重复出现，它们越来越容易被注意到，有时甚至沦为庸常之物。

。强度

你如何定义一种气味或香水的强度？我们使用"强烈""浓郁""浓烈"或者"低调""纤弱""轻盈"来形容香水。目前已知的唯一测量强度的物理方法是：不断稀释气味或香水，直到完全无法感知。这是因为，效果与浓度成反比例关系（参考本节的"检测阈"部分）。由于一种原料或香水的强度在纯净状态下时达到最大值，所以需要采用稀释法来控制气味。

创作香水时也会出现类似的情况：最好从低浓度开始，便于区分其中的细微差异。为了感受强度的变化，原料或香水浓缩液的浓度应至少稀释到原来的 77%。

◦ 持久性（强韧度）

怎样测量一种气味或香水的持久性？唯一已知的方法是，按照固定时间间隔（分、时、天），感受浸满气味的试香纸，直到无法再感知到最初的气味"形态"。借由一组鼻子的"平均值"来确定测量值。这种经验性测量法采用 1 到 10 的数量级描述感知程度。小组中每个人都接受提问，说出自己的感知程度。然后将该小组的平均分定为测量值。

◦ 挥发性

除了使用顶空技术测量蒸气压以外，还有一种物理方法可以测量挥发性：将试香纸浸满相关物质至饱和状态，然后按照固定时间间隔，测量其重量变化，从而绘制蒸发曲线。

。识别香水

当我在街上注意到一款香水的时候，经常会把它和其他香水混淆。从远处，我可以根据空气中的气味痕迹认出它所属的芳香家族。但它的气味还是不够清晰，无法准确辨认。越靠近它，我能得到的线索越多，直到可以判断它的名字。事实上，虽然我对相关香水特征的认知已足以让我辨别这款香水所属的芳香家族，但只有通过更具体的香气内容与细节，我才能将它与同一香型的其他香水区分开来。

这种迅速判断的能力或源于我们遥远的祖先——对他们而言，尽快发现掠食者是一件生死攸关的大事。故此在数千年前，我们发展出一套超快识别程序，这套程序以"是否存在相关特征"为基础。

对调香师来说，困难之处并不在于按照模型去设计或对某个主题加以变形，而是要创造出诸多模型的原型。

材料和质料

如果你执拗于至纯无污的夜莺歌声，那我推荐人造夜莺。

———— 让·季奥诺

鉴于"材料"和"质料"这两个词容易混淆，我想先定义二者在使用上的区别。

材料：任何用于制造或建造的物质。

质料：强调性质和用途的原料。

天然香料

如果欧洲本地无法生产的话，我们就会从世界各地进口精油、精华、净油和浸膏。这些香料可从植物的不同部位提取——花、芽、果、叶、树皮、树干、树脂、种子、根茎和地衣。

目前，除了蜂蜡净油之外，人类已经用化学合成物取代了各种天然动物原料，但它们的名字里仍保留了"天然来源"：如灵猫香（麝猫）、海狸香（河狸）和麝香（鹿）。

还有一类"分离物"，严格来说它不是直接萃取自植物的天然产物，而是具有相应精油气味特征的化学分子，比如玫瑰木精油的组成成分芳樟醇，香根草精油的成分岩兰草醇，丁香精油的成分丁香油酚，凡此种种。

萃取技术

关于这一主题已有大量著述，在此我只对当今最广泛使用的技术进行概述。

。蒸馏法

许多植物都可以在自己的分泌细胞中合成并累积大量精油。在蒸馏过程中，热量会使这些细胞爆裂，释放出的芳香物质再被水蒸气携带出来。这样的混合物通过一段长长的蛇形铜管，并在经过冷水槽的时候被冷凝。离开冷却剂之后，满载着精油的水被"精油分离器"或倾析容器收集。由于密度差异，水和精油会自动分离。从容器中获取的产物即精油；而倾析后的水带有香气，也可直接利用，如玫瑰花水、橙花花水等。

由于蒸馏的植物种类不同，精油产量差异显著。例如：同样提炼 1 千克精油，木兰花需要 5 吨，玫瑰花瓣需要 4 吨，苦橙花需要 1 吨，快乐鼠尾草需要 500 千克，而薰衣草只需要 120 千克。

历史上，这门最古老的萃取技术最早由阿拉伯人在 9 世纪引入西班牙，并于 13 世纪中叶在法国开始采用。从那以后，人们不断对蒸馏法进行技术改进。而这都要归功于格拉斯地区的香水生产商和锅炉制造商之间一贯友好亲密的合作，后者将技术出口到了世界各地。

。压榨法

这种萃取法专门用于柑橘类水果，因为柑橘类精油具有脆弱性。制取过程直接在柑橘生产区（巴西、加利福尼亚、意大利、佛罗里达）就地进行。让柑橘皮着色部位的含油分泌细胞破裂来提取精油，绝大多数情况下无须加热。

在 18 世纪，工人获取精油的方式是手工挤压柑橘皮，将其收集在海绵上；而今，则是以机械刮削，从果皮中提取。由于产物中含有水分，所以还要通过倾析，将精油从水中分离出来。

。挥发性溶剂萃取法

这种方法可以追溯到 19 世纪末。1873 年维也纳万国博览会上的首次亮相给人们留下了深刻印象。

首先在萃取器中加入挥发性溶剂（正己烷、石油醚、乙醇等），随后加入碾碎的植物（树木、地衣、根茎）或花、叶、树脂状植物。浸渍结束后，提取芳香溶剂倒入浓缩器中，进行初次蒸发、提取、储存，以便进一步萃取。这种散发香气的产物即"浸膏"。接下来，在打浆机中搅拌浸膏和乙醇，冰镇、过滤，从芳香的乙醇中分离出不可混溶的植物蜡。最后蒸发酒精获得"净油"。整个过程都在低温下操作，以免水蒸气导致水解反应，如此获得的气味也更接近植物本身。

挥发性溶剂萃取法的产量通常要高于蒸馏法。加工的植物种类不同，净油的产量也随之变化。比如：1 千克净油的提取需要 4 吨晚香玉，2 吨紫罗兰叶，1 吨玫瑰花瓣，800 千克苦橙花，600 千克茉莉，300 千克金合欢，100 千克薰衣草或者 50 千克橡树苔。

。超临界二氧化碳萃取法

这种萃取方法是近些年才发明的。当二氧化碳所受压力超过 7.38 兆帕、温度超过 31.1 摄氏度的时候，就会进入超临界状态，变为液体。液态二氧化碳具有良好的溶解能力。超临界二氧化碳萃取法可以在低温中加工原料，获取净油，保留原料的真实气味。此外，这种工艺不会导致任何环境污染。

。成本

在 2011 年，每千克木兰花精油的售价是 935 美元，相比之下，每千克薰衣草精油是 115 美元，尽管生产等量木兰花精油所需的花朵数量是薰衣草的 250 倍还多。

这个比较表明，在薰衣草收割机械化、精油产量高的情况下，精油的价格并不取决于劳动力成本，而主要取决于市场需求。

合成香料

合成产物以石油和萜烯化学为基础，源自苯、甲苯、萘、苯酚类成分，以及松节油（萜烯类化合物）。大多数合成分子和天然分子结构相同。这类合成分子通常是单一化合物，具有天然气味，因此易于选择和使用。例如，玫瑰的主要成分苯乙醇，气味类似风信子、铃兰和牡丹——由于技术和经济原因，这些香料的气味都不能直接从天然来源中萃取。

香水的艺术和化学密切相关。为了阐明这一事实，我列出了如今仍在使用的主要合成原料，并按照发现的时间顺序排列：

1855　　乙酸苄酯

1868　　香豆素

1874　　香兰素

1876　　苯乙醇

1888　　第一种合成麝香

1889　　香茅醇

1893　　紫罗兰酮

1893　　甲基紫罗兰酮

1903　　醛类

1908　　γ - 十一烷酸内酯（桃醛）

1908　　羟基香茅醛

1919　　芳樟醇

1933 茉莉酮

1947 鸢尾酮

1951 西瓜酮

1956 铃兰醛 *

1965 二氢茉莉酮酸甲酯 *

1967 佳乐麝香 *（麝香）

1970 大马酮类

1975 龙涎酮 *

（标 * 的名称均为注册商标名）

到 20 世纪 30 年代后期，今天使用的所有主要合成产品均已被发现。尽管大多数成分都是在自然界中被发现的，但其中超过 30% 的成分无法以自然状态存在。香料化学可以产生自然界中没有的分子，但所选的气味通常还是已知气味的变体，而这促进了味觉的逐渐演变。

分析技术

早在 19 世纪中叶，分析化学就能通过未知物质与已知物质发生的反应来确定其

性质。而今天，我们使用物理学的方法，只需要一次操作就能确定和量化所有的

成分。

。色谱技术

气相色谱法（GC）诞生于 20 世纪 50 年代。根据分子在挥发性上的程度差异，

可以从极为复杂的天然混合物中分离出各种分子。主要用于气态化合物及受热易

蒸发的复合物。

20 世纪 60 年代，色谱法与质谱法相结合，加快了精油成分的识别速度。以玫瑰精油为例，1950 年确认了其中 50 种成分，1970 年鉴定出 200 种，90 年代达到了 400 种。其中一些分子随后被复制成为新的合成产物。气相色谱法也被用于检查交付的原料品质，并在 70 年代用于识别和量化市场现有的香料中的已知成分。

如今，气相色谱法实现了微型化，操作也相对简便，成为所有香水实验室普遍使用的分析技术。

。顶空技术

顶空技术是一种分析气味的技术。顾名思义，这种技术可用来捕捉最易挥发的气味。顶空技术最初用于石油勘探中的气体成分分析。到了 20 世纪 70 年代初才被引入香水行业。

在操作过程中，气流经过植物的花、果、叶，以捕获带有气味的成分。这些物质被抓取到吸收性的过滤器中，再结合色谱法和质谱法分析并鉴定其中的成分，以便以基香的形式（重新）构建这些植物的气味。这些基香之后会被用于调香。

这种方法不仅能够提供有关气味的事实因素，还宣称能够客观地确定某种气味。理智已经取代了美，但是美绝非理智——它是一种情感。

。固相微萃取（SPME）

与顶空分析相比，固相微萃取技术的器材更加便携和实用。它采用一种注射器装置，注射器配备了浸渍有特殊介质的二氧化硅纤维。该装置可以捕捉并浓缩气味的组成成分。

这种萃取技术既不需要溶剂，也不需要复杂的设备。挥发性的成分先被吸取、浓缩、储存在二氧化硅纤维上，然后将纤维直接接入色谱仪的进样器中即可对气体进行分析。这种高度便携的技术发明于 20 世纪 90 年代初，用于监测空气和水质，很快就被用来识别花卉和其他气味来源的香气。这项技术还有一个优势，就是在含水介质中依然有效。

。未来的材料

植物作为真正的"化学实验室"，可以生产大量芳香分子。通过基因技术，人们有望调整这些天然实验室，从而生产出与自然界中的天然成分完全相同的可生物降解的分子，用于香水生产。通过减少化学合成步骤，减少生产过程中的能源损耗，从而保护环境。目前，这方面的研究尚处于起步阶段。

。成本

合成材料的成本与最初的原材料的价格有一定关系，但主要还是与高度专业化

的、高质量的劳动力（工程师、技术人员）以及合成过程中所需的不同步骤有

关。虽然 2011 年合成香料的平均成本在每千克 42 美元左右，但具体价格各不相

同。比如，具有鸢尾花香气的合成物鸢尾酮的价格就高达每千克 4675 美元。

质　料

每天，我都和那些被称作"气味"的物质打交道，我的香料库也随之渐渐丰富。这些原料之所以会出现在香料库里，有些是因为它们令人着迷，有些则是因为令人失望；有些是因为我的个人需要，有些则是因为我在其中发现的内在局限——一言以蔽之：通过选择。因为创造就是一种选择。为了找到一种表现形式或艺术风格，简单来讲，我为香料库设定的选材标准包括气味的品质、来源和技术性能。如今，我的香料库里有三分之一属于天然香料，三分之二属于合成香料。没有基质物。

气味的品质源于一些简单的标准。它必须具有简明独特的特质。比如合成香料，
在己烯醇衍生物中，我只保留了官能团为醇和水杨酸盐的衍生物；苯乙基类里只
保留了醇类；苄基类则保留了醋酸盐和水杨酸盐——尽管每一类成分的衍生物官
能团都有十几种（比如，苄基类物质除了醋酸盐和水杨酸盐，还有丙酸、异丁酸
盐、苯乙酸盐、丁酸盐、戊酸和醇类）。

在天然香料中，我拒绝任何缺乏特征的产品。包括气味徘徊于肉豆蔻和丁香之间
的苦香树精油，气味摇摆于薰衣草和百里香之间的神香草精油，气味类似百里香
的红花百里香精油，以及马达加斯加隆戈萨（Longoza）地区的卡罗花净油，它

们仅在产品中作填充用，平淡无奇。我也很少使用安息香、秘鲁香的香膏和浸膏，因为这些气味不符合我的创作风格。相比之下，诞生于 20 世纪 70 年代的黑醋栗芽净油凭借其独一无二的品质，几乎一下子就把我俘虏了——毕竟数遍整个香料盘都找不到这种特质！它为新的组合、新的"和弦"提供了可能性，被用于娇兰的"爱之鼓"（Chamade, 1969），以及后来的梵克雅宝的"初遇"，并极大地影响了香水品味的演变。同样具有影响力的还有最早用于罗莎"红衣女郎"（Tocade, 1994）的木兰花叶精油，以及雅诗兰黛"欢沁"（Pleasures, 1995）中的粉红胡椒精油。

。产地

原料来源主要涉及天然物质。即使产地会改变原料，我还是更在乎原料自身的品质，而原料自身的品质主要与植物的变种有关。比如我会选择埃及罗勒（或者绿色大叶罗勒），因为它含有 40% 芳樟醇、30% 草蒿脑以及 10% 丁香油酚；而来自科摩罗群岛的罗勒则含有 80% 以上的草蒿脑，这就带来了一种无法引起我兴趣的气味。同样，我会选用更活泼生动的意大利产柠檬的精华，以及留尼汪岛的老鹳草精油，它们气味饱满且带有胡椒的辛辣感，可惜产量稀少。

。技术表现力

成本、扩散力、持久性和稳定性也是香料库中原料的重要参考特性。市面上有二十多种雪松气味，我只用其中四种就够了；那么多种树苔净油，我也只用一种；在甲基紫罗兰酮异构体中，α-异甲基紫罗兰酮虽然以其精细优雅的特质而闻名，但却毫无特点，所以我更喜欢另一种甲基紫罗兰酮，它气味更丰富，价格却只有前者的五分之一，至于优雅感，我会赋予它的。

二十多年里，鉴于原料的品质、产地和技术表现力指标，我不断删减香料库的产品目录，从约 1000 种到少于 200 种。毕竟这个数目更便于管控。

分析我在过去三年里发布的十款作品所使用的成分数，结果发现，130 种成分就已经足够了。其中有一些原料我从未用过。不过，这并不意味着我完全舍弃了它们——它们就在那里，等待着被使用或被遗忘。

。香料库和新质料

想要扩充香料库容量必须经历艰难的抉择。每年都会出现十几种合成香料和罕见的天然香料，你会想要把哪些添入其中？

成分的气味是新的吗？如果不是，它能更便宜地取代现有成分吗？在技术表现力上具有可比性或优越性吗？它是否扩展了它所属的嗅觉范围？如果我想要在香料库中增加任何一种新的质料，我都会事先问自己一些这样的问题。

木兰花精油、粉红胡椒精油、小花茉莉净油和桂花净油等产品直到最近二十年才走进香水业。过去，在中国，这些香料被用来给茶叶、饮料和烟草调味；现在，它们被纳入了香水的世界。

无论如何，虽然原料的质量确实对一款香水的独特性有所贡献，但是"优良"的茉莉、"优良"的玫瑰或者"优良"的合成分子并不必然成就一款优良的香水。香水的美并不源于原料的品质的总和，而是材料之间的和谐组合，包括其使用、混合、表现的方式。

· 香料库 ·

2-壬烯腈 *	8-环十六烯-1-酮 *
α-突厥酮	β-突厥酮
β-紫罗兰酮	埃及罗勒精油
艾草精油	安息香脂
巴拉圭茶净油	白花醇 *

086

白松香精油　　　百里香精油

北非雪松精油　　北美圆柏精油

苯甲醛　　　　　苯乙醛

苯乙醛二甲缩醛 *　丙位辛内酯

布苦叶精油　　　橙精油

橙树净油　　　　唇萼薄荷精油

大环内酯类 *　　大茴香醛

当归精油　　　　丁香精油

杜松子精油　　　多香果精油

二氢茉莉酮酸甲酯 (高顺式)*

二氢茉莉酮酸甲酯 *

凡路酮 *　　　　芳樟醇

焚香精油　　　　粉红胡椒精油

风信子素 *　　　蜂蜡净油

覆盆子酮 *　　　广藿香精油

癸醛 C10　　　　桂皮净油

海地香根草精油　韩国菖蒲精油

黑醋栗净油　　　黑醋栗香基 345B*

红桔香精	红辣椒净油
胡椒精油	胡椒醚 *
胡萝卜籽精油	花清醛 *
桦木精油	黄葵内酯 *
茴香脑	基茉莉酮 *
己基肉桂醛 *	佳乐麝香（50% 肉豆蔻酸异丙酯溶液）*
甲基柏木酮 *	甲基癸烯醇 *
甲基环戊烯醇酮	甲基紫罗兰酮
降龙涎香醚 *	金合欢净油

开司米酮 *　　　苦橙花油 *

苦橙叶　　　　　榄青酮 *

榄香脂精油　　　劳丹脂

老鹳草精油　　　灵猫香净油

铃兰醛 *　　　　零陵香豆净油

留兰香精油　　　柳酸叶醇酯

龙蒿精油　　　　龙涎酮 *

曼可罗兰 *　　　玫红醛

茉莉净油　　　　茉莉内酯

柠檬精油	柠檬醛
女贞醛 *	苹果酯 *
羟基香茅醛	芹菜叶精油
肉豆蔻精油	肉桂醇
麝香 T *	麝香烯酮 *
十一醛 C11	水仙净油
水杨酸苄酯	顺茉莉酮
檀香	檀香精油
桃醛 C14	惕各酸叶醇酯

甜瓜醛 *　　　　突厥酮

土耳其玫瑰精油　吐纳麝香 *

兔耳草醛　　　　晚香玉净油

万寿菊精油　　　西班牙岩蔷薇精油

烯丙基紫罗兰酮 * 锡兰肉桂精油

香草净油　　　　香豆素

香兰素　　　　　香茅醇

香柠檬香精　　　香桃木精油

香叶醇　　　　　橡树苔净油

橡苔 *	小豆蔻精油
小花茉莉净油	新洋茉莉醛 *
薰衣草精油	岩兰草醇 *
洋茉莉醛	椰子醛 C18
叶醇	依兰精油
乙基芳樟醇	乙基麦芽酚
乙酸苄酯	乙酸芳樟酯
乙酸邻叔丁基环己酯 *	
乙酸苏合香酯	乙酸香根酯

乙酸香茅酯　　乙酸叶醇酯

乙酸愈疮木酯　　乙酰乙酸乙酯

吲哚　　　　　愈创木精油

鸢尾浸膏　　　芫荽籽精油

圆柚甲烷*　　月桂醛 C12

孜然籽精油　　紫罗兰叶净油

左旋玫瑰醚　　左旋香茅醇

（标*的名称均为注册商品名）

为了避免香料库过快陈化，柑橘类香料和净油等都会以 10℃恒温贮藏。每年香料库都会更新一次；一经更新，就会在瓶子上标注装瓶日期。另外，我发现，在处理树脂、净油等密实的材料时，稍稍加热会使它们更易于使用。

调配方法论

香水的配方就像烹饪食谱。左侧栏列出所有的原料，顺序随机，右侧栏则标明每种成分的比例。

尽管有电脑程序辅助设计配方，我还是更喜欢把配方写在纸上——横三十行、纵六列——便于以全局的角度审视配方；如果有必要的话，还能在旁边增添技术性或审美性的批注。只有在检查配方价格及配方是否合乎规定（如欧盟法规、IFRA等，详情参考《进入市场》章节下的"安全条例"）时，我才使用配方软件。

。比例

虽然质料的并置应该被优先考虑，但各种成分的比例仍扮演重要角色。为了优化管理，方便记住每种原料添加的比例，在香水基本结构的建构过程中，我个人喜欢用总量 1000 克作为标准配方量。为了充分展现配方的效果，我从不吝惜材料。

各啬会弱化想法。在标准配方中，我的用量阶梯是：1，2，3，5，7，10，15，20，30，50，70，100，150，200，300 等。如果想要改变一种或多种原料的比例，我一般至少增加或减少二分之一。

从
学
习
到
技
艺

"你能闻到金龟子吗？"

在为香料公司采摘玫瑰的时候，祖母曾这样问我。

金龟子的气味就是好气味的标志。

当你第一次踏进调香师实验室的时候，会遭遇嗅觉的"强暴"。这种感觉难以描述。它们就在那里，势不可挡，压倒一切。要等上好一会儿，你才会回过神来，注意到玻璃架上排列着数百个大小各异的棕色瓶子。这些瓶子按照字母顺序排列，以便选取和使用。要想成为一名调香师，务必要熟记这个香料库。

你会在一间单独的房间里学习，远离纷纷扰扰的气味。学习的时候，每十种气味为一组，每组间隔至少一小时。每种香料都需要用 85% 浓度的酒精稀释到 5% 浓度，再用试香纸蘸取。

最开始的时候，天然来源的气味更容易掌握，因为它们的气味正如其名。橙子香精闻起来就是橙子的味道。而合成产物的名字就不太能够"望文生义"了：乙酸苄酯闻起来是乙酸苄酯，但让人联想到英式糖果或者香蕉。可能需要数月之久才会意识到，原来茉莉中也存在着这种气味。

气味分类

为便于初学者学习并记住气味，不同的香水公司发明了各式各样的气味分类法。

我在此提供的分类法将气味划分为九种类型。

。花香（可细分为五组）

粉花香： 这组包括玫瑰精油、老鹳草精油和风信子、铃兰、牡丹的气味。其特征由这些花中存在的两种成分的气味——苯乙醇和香叶醇决定。

白花香： 这组花香的特征由邻氨基苯甲酸甲酯和吲哚这两种分子的组合决定。它们存在于橙花净油、茉莉净油、晚香玉净油以及香豌豆、栀子花和忍冬的气味中。

黄花香：这组花香的气味由 β- 紫罗兰酮所决定，它由胡萝卜素分解产生，正是后者让小苍兰、桂竹香呈现出黄花的颜色；β–紫罗兰酮也存在于合欢花净油和桂花净油的提取物中。

异域花香或辛香花香：这组气味特征源于水杨酸苄酯和丁香油酚的组合。它们存在于康乃馨、百合的气味和依兰精油提取物中。

茴香花香：这组包括金合欢净油和丁香花、紫藤的气味。这些气味可用大茴香醛或洋茉莉醛调配出来的。

。果香（可细分为三组）

柑橘香: 柠檬精油、香柠檬精油、橙精油。

果园水果香: C14 醛（桃醛）、苹果酯。

浆果香: 黑醋栗净油、覆盆子酮。

。木香（可细分为五组）

檀香: 檀香精油。

广藿香: 广藿香精油。

香根草香: 香根草精油、乙酸香根酯。

雪松香：北美圆柏精油、北非雪松精油。

地衣香：橡树苔净油。

。草香（可细分为三组）

青草香：叶醇、白松香精油。

芳香：薰衣草精油、迷迭香精油、百里香精油。

茴香：罗勒精油、龙蒿精油、大茴香精油。

。辛香（可细分为两组）

清凉辛香：胡椒精油、小豆蔻精油、肉豆蔻精油、粉红胡椒精油。

火热辛香：肉桂精油、丁香精油、多香果精油。

。甜香（可细分为三组）

香草香：香草净油、香兰素、安息香脂。

香豆素香：零陵香豆净油、香豆素。

麝香：合成麝香。

。动物香（可细分为三组）

琥珀香：劳丹脂净油、岩蔷薇精油。

海狸香：海狸香净油、桦木精油。

麝猫香：灵猫香、粪臭素、吲哚。

。海洋香

海藻净油、西瓜酮。

。矿物香

醛的气味。

除了这种分类法，我还提出另一套气味辨识体系：就是运用其他感官的描述语，特别是触觉，从而将不可名状的"气味"转换为更便于记忆的概念。比如：坚硬、柔软、冷的、热的、蓬松、干燥、扁平、尖锐、丝滑、扎人、温和、纤细、沉重、轻盈、粗糙、脆弱、油润、稠腻等。

因此，嗅觉的专属词汇包括：有气味的物品（香皂、甜品、雪茄等）、花卉（茉莉、丁香花、铃兰等）、化学分子（芳樟醇、乙酸苄酯、叶醇等）或化学官能团

（水杨酸盐类、醛类等），以及其他感官的描述语。

然而，调香师的用语与非专业人士的用语之间的差别就在于：前者选择的通用语来自香水学校提供的培训，以及调香师和业内专家们之间的频繁交流。这种"团体的语言"为某些感官联系创造了共识。对于调香师而言，"香皂""醛香""茉莉""指甲油""玫瑰""皮革""木质""糖果"等词语都可以用来描述气味，但这些事物本身并非气味的真实来源。"茉莉"可以用来描述铃兰，也可以用来形容一种香水或洗衣粉。对于调香师，"茉莉"这个词指的是一种嗅觉体验，可能与茉莉花散发的香味大不相同。因此，气味的描述词让专业人士联想到的不再是原料的形象，而是气味本身的"精神画像"。调香师就是这样为自己的科学创造了研究对象，他发明了气味，而这正是他的创造力之源。

这让人想起从所谓的"原始"文化到工业文明中色彩语言的出现。非洲的某些文化还没有发展出专门的语言用来描述色彩，只是简单地用"光明"和"黑暗"组织他们的世界。在这些文化中，对颜色的感觉的描述借鉴了其他感官的词汇，比如颜色有干燥的、湿润的、柔软的、坚硬的、沉闷的，等等；或者简单地用有色事物来指代，比如将物体形容为某种叶子的颜色，或雨前日落时天空的颜色，等等。相比之下，我们的工业文明则不断增强"特定颜色"与"特定事物"之间的联系。虽然这不是色彩的唯一功能，但在区分事物上，色彩已经成为最便于理解的工具了。比如，纽约的出租车对应黄色，爱马仕的包装盒对应橙色，如此等等。

记忆香料库

当我们思考这些为颜色赋予语言的例子时，必须明确，要想记住一个物体或事件，命名并不是必需的。气味亦复如是。但是，制定一个清单——嗅觉记忆的清单——还是很有用的，这有助于发现各种气味的缺点和不足。为此，我准备了一张大桌子和几套空白的名片。我会把香料库里的材料名字写在卡片背面，每个名字用一张卡片。

在第一个练习中，我会将这些质料的名称按其嗅觉相似性进行分组，不去闻它们，只凭我对每种材料的嗅觉记忆来进行这些工作。我会将它们整理到桌子上各种"嗅觉域"中。这些嗅觉域不像之前那种气味分类法一样，并不是我用一个词就能够归纳的气味类别；而是具有嗅觉关联性的气味的集合。嗅觉域的数量是没有限制的。

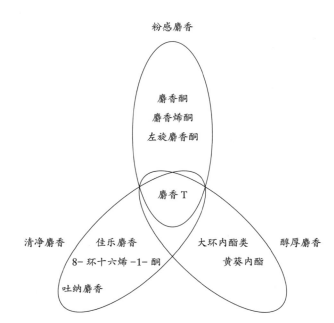

粉感麝香

麝香酮
麝香烯酮
左旋麝香酮

麝香 T

清净麝香　　　佳乐麝香　　　　　大环内酯类　　醇厚麝香

8- 环十六烯 -1- 酮　　　　黄葵内酯

吐纳麝香

在第二个练习中，香料库中的每种材料都会先经过一道稀释，然后装入小瓶中。
我会"盲闻"全部的材料，不去看名字，因为只有气味才是最重要的。然后，将
这些材料按照嗅觉层面的相似性进行归类，通过这样的方式重新调整和组合嗅觉
域。在这个过程中，我意识到：虽然我用过一部分材料，但在我的记忆中，其大
致的嗅觉轮廓还是很模糊，因此很难归类。每天，我都会用一小时来进行这样一
种"嗅觉分类"工作。

嗅觉域分类

。一致性沟通

在寻找气味词汇的过程中，我与比利时新鲁汶大学合作，他们专门研究认知科学和知识结构，在他们的帮助下，我开发了一种游戏化练习方法，让描述气味的语言更容易被理解。

游戏设置： 两名实验者相对而坐，每个人面前摆好相同的五到七个小瓶，里面含有经乙醇稀释后浓度为 5% 的原料。其中一套小瓶按字母顺序（A、B、C、D、E

等）标注，另一套则按数字顺序（1，2，3，4，5 等）标注。只有裁判知道每个编
号瓶里的材料，并随机给瓶子贴上标签，确保 A 瓶的气味不同于 1 瓶。在游戏过
程中，两位实验者需熟悉各自的香料，然后仅通过各自的口头描述将双方手中的
材料对应起来，比如 A = 3，B = 1 等。练习结束时，裁判会公布材料的名字。

这个练习可以帮助记忆香水的气味，也可以用来学习气味词汇。

。模型

我建议初学者准备一个"气味笔记本"，按照材料的名字、联想到的事物分成两

列。比如，当归精油对应鸢尾根和龙胆，龙胆对应当归精油，鸢尾对应当归精油。顺便再多准备几个笔记本，分别记录这些材料的物理表现力（强度、持久性、挥发性、稳定性）和感性特征（明亮、黑暗、浓稠、纤薄、轻盈、沉重、柔软、粗糙、温暖、温柔等）。

和所有艺术门类的从业者一样，调香师通过复制一些基本的香水模型来不断学习。这类香水模型首先是奠定了香水史里程碑的基香，即重要的复合香料；其次是标志时代特征的香水，即完整的香水作品。模仿强调了材料间相互作用的重要性、香水整体结构的重要性，以及如何选择质料，同时提醒我们不要忘记那些精妙的细节在其中的作用。正如哲学家弗朗索瓦·达格涅 [1] 所说，物品是了解一个人的资源池。香水和所有事物一样，蕴含着丰富的信息——它们诞生时代的品位和审美范式，人们在使用时想表达的"身体—气味"之间的关系，以及生产过程中逐渐形成的安全规范和技术知识。

。香水学校

为了应对消费者对芳香产品日益增长的需求，在 20 世纪 60 年代，香水学校首次出现。它们最初由业内企业创办，最著名的当属法国南部的鲁尔贝特朗-杜邦和瑞士的奇华顿（现已合并）。1970 年，法国 ISIPCA 香水学院 [2] 于凡尔赛成立。从此之后，

1. 弗 朗 索 瓦·达 戈 涅（François Dagognet, 1924—2015）：法国哲学家，巴黎第一大学和里昂第三大学的哲学教授。

2. ISIPCA 香水学院：国际高级香水、化妆品和食用香精学院（Institut supérieur international du parfum, de la cosmétique et de l'arôme alimentaire）。

其他学校也纷纷开设香水技术类课程，其中大部分都与各香精香料企业签订"半工半读"[1]合约。每年数百名申请者中，学校只会筛选出二十名左右的学生。在所有学校之中，只有不到十个学生会成为调香师，其他人一般从事化妆品师、评估员、营销助理、质量控制员、生产经理等职业。

1. 半工半读（Alternance）：该项目允许学生一部分时间上课学习，一部分时间在公司实习（实习期间不享受学生假期，仅享受工作假期）。工科、商科等学校和公立大学都会提供这类项目。一般面试会很严苛。

技
艺

不要谈论"我觉得"，而应谈论"我记得"。

—— 约瑟夫·儒贝尔 *

从"诀窍"到"科学"

做一名调香师实验室助理，我接触了各种各样的香水调制方法，这些方法通常很复杂（如今的调香师培训已经省去了这一阶段）。

学徒时期，我学会了利用当时最新的色谱技术，以使我的作品满足国际市场的需要。市场分析和气味分析的信息资讯不断丰富我的知识储备，包括精油、基香、香水。在调制过程中，我不断添加香料，并天真地相信，这些分子可以改变一切，最终展示出我的创造力。

然而在探索个人风格的过程中，我始终弄不清香水的结构，所以我尽量避免复杂的配方。直到我读到一本带插图的小册子，方才醍醐灌顶。那是德威龙香精香料公司出版的杂志《德威龙报告》，封面是黑色背景衬托的一捧花束。这期杂志的主角是调香师埃德蒙·罗尼斯卡，标题是"年轻的气味作曲家与缤纷的气味"。尽管杂志出版于 1962 年，但内容却非常新颖。在这期杂志里，罗尼斯卡不仅谈论了香水品闻、鉴赏的美学、品味和简洁性，也展现了他的渊博学识和个人生活理念。

就这样，埃德蒙·罗尼斯卡进入了我的生命。以至于在相当长的一段时间里，我

都藏着一个心愿，想要被称为文章标题所说的"气味作曲家"——尽管罗尼斯卡

本人满足于名片上的"调香师"称谓。

我尝试模仿埃德蒙·罗尼斯卡创作的香水。色谱分析技术可以告诉我大多数成

分，但安排成分的方式却多种多样。他的写作和他的香水都深深吸引着我，成为

我求知的对象。我需要将它们彻底剖析，并好好体验一番，或者说"占为己有"。

我面对的是一张蓝图，一个严谨的设计过程，一种香气对应一种效果。除去情感

和虚饰，结构被揭开，香水便显现出来。

124 这种创作方式令我重新思考自己的调配方法。调香不再是一个叠加气味的过程，而是塑造——换句话说，通过创造分子间的关系构建和谱曲。为了更好地阐明这种方法，我喜欢引用德国哲学家莱布尼茨的观点："海洋的声音是一个整体，要想听见它，我们必须聆听整体的各个组成部分。换句话说，每一个海浪的声音都不能错过，尽管这一个个小小的声音只能夹杂在其他各种声音混淆而成的整体中被听到。"

埃德蒙·罗尼斯卡的调香法可用保罗·塞尚 [1] 的名言总结："拥有感觉，解读自然。"[2] 所以，70 年代末诞生的顶空技术立即征服了我。在顶空技术操作过程中，

1. 保罗·塞尚（Paul Cézanne, 1839—1906）：法国艺术家，后印象派画家，为 19 世纪到 20 世纪的美学理念的转化、立体主义的诞生奠定了基础。

2. Émile Bernard. Paul Cézanne[J]. L'Occident, 1904 - 7, (32).

你可以就地萃取花朵或珍稀植物的气味，分析它们，而后重组它们。我感觉自己仿佛拥有了可以摄取气味的"傻瓜相机"，这将帮助我超越前辈大师。

顶空技术揭示了植物气味的复杂性。大自然真是充满了意外惊喜！比如说，茉莉含有 400 多个分子，玫瑰含有 500 多个分子。这项技术也表明，尽管一种花的气味成分会随时间而变化，但它的基本特征却保持不变。

后一种观察结果让我开始反思：一种气味的性格或形状更在于构成这种气味的各种材料本身，而不只是这些材料取用的比例。由此出发，只差一步就可以构建起花朵的气味与香水的形态之间的关系，我由此调整了调香方法。从此，我将注意力放在了材料的选择上，经常大幅度调整比例。我一直很谨慎，以免重合。

我的香料库中的材料正在减少。

1976 年，28 岁的我为梵克雅宝创作了"初遇"，此前一直浸淫于各种已知的模式中的鼻子开始转向内心、知识、理智。尽管这款香水用到的材料不多，但形式依然复杂。在希思黎的"绿野仙踪"（Eau de Campagne,1974）以及为阿蒂仙调制的其他几款香水中，我因为偏题或出于直觉选择了番茄叶作为主题；但直到 90 年

代初，我才有目的地探索未知领域。模型就像时尚，属于它们的时代，终会过

时。为了不再受到拘束和限制，我必须时刻保持学徒的身份，保持对世间万物的

好奇，不断寻找，每时每刻都去感知。

此后，我每年都会开启一本全新的记事本，里面记录着我的素材、想法、简单的

香调组合、思考、引用以及配方的草图；里面涉及我遇到的人、我在内心和外部

世界的旅行，我们生活的时代，而不是市场趋势或潮流分析。

寻找"由头"

我是气味的劫匪、小偷和盗贼。对我而言，大自然是一个"由头"（prétext），一个出发点，而非灵感或启示之源。日升日落，无论发生在什么地方都是美的，这只不过是视角或观点的问题。在一款香水中，我不会用忠实再现茶叶、面粉、无花果气味的方法制造惊喜。创造意味着阐释：将气味转化为符号，用这些符号传达意义。比如绿茶气味成为日本的标志，面粉象征皮肤，杧果代表埃及。对我而言，这是我个人创作的风格和品味，而不仅仅是技术诀窍。技术会被模仿，风格却无法被教授。在这个意义上，它成了一门艺术。

就拿宝格丽的"绿茶"（Eau Parfumée au Thé Vert, 1992）来说，我在参观位于巴黎蒂尔堡镇街 30 号的玛黑兄弟（Mariage Frères）茶叶店之前，就确定了以"茶叶"为素材。为了感受所有的茶叶气味、确定我的概念并再现生活中的真实体验，我之后前往店里拜访。而阿蒂仙的"白树森林"（Bois Farine, 2003）是依据具有粉末感的心叶留尼汪锦葵（Ruizia Cordata）而确定的香水主题。我在其中调和了我闻到一包弗朗辛牌（Francine）面粉时的感受。之所以会想到这种树木，其实出于我对留尼汪岛的爱。在当地，人们会用树的名字命名地点，如绿木、臭木、黄木等。而在当时，香水的形式仍有待我去发掘。

130 我在阿斯旺附近尼罗河上的花园岛漫步时，为爱马仕"尼罗河花园"（Un Jardin sur

le Nil, 2005）确定了主题。这个主意是在一条杧果树林荫小道上冒出来的。当时是

五月，青绿色的果实沉甸甸地坠在杧果树的枝丫上，触手可及。我摘了一个，一股

透明的乳汁流出了花托。我将它放到自己的鼻子边，气味诱人。丰沛的香气意象，

树脂、橙皮、葡萄柚、胡萝卜、红没药、杜松子，轻柔的酸味，生动而温和。我无

法拒绝，任气味抚慰我的感官，让气味占有我。我试着和身边的人分享我的快乐、

我的感受。主题就这样定下了。

早在这次散步之前，我就拒绝了茉莉、橙花及辛香料的气味——所有这些气味都将

埃及禁锢在西方的想象中，限制在一种刻板印象的神秘的东方香的氛围中。我当时在寻找一种独特的方式来讲述这座花园的故事。青柠果的气味成了尼罗河的岛屿花园的象征。后来，我得知，在埃及有个一年一度的柠果节。

虽然素材的选择举足轻重，但我在这里试图解释的是，如果我的头脑中没有一个我可以根据需要修改和排序的气味幻觉的目录，我就无法展开创作。

气味幻觉

我对再现自然界的复杂性不感兴趣。我喜爱的是内化的过程，转化它们以契合我的口味，通过排列调整芳香材料来传达它们的一些特质。这是对气味关系的理解的开端和终结，是所有气味幻觉的基础。幻觉比现实更真实。逼真比真实更可信。我需要描述这些过程所呈现的现实，尽管很少有人拥有参与这些过程所需的材料。

我在这里解释的是气味的语义学。但气味不像文字或音符那样依次排列，彼此相随，构成语句或旋律，继而产生意义。香水的材料不像颜色那样可以通过混合产生新的色彩。相反，它们将会共存，并继续表达自己，同时又形成一种新的气味，诞生出新的含义。在嗅觉问题上，1 + 1 = 3，但其中的每个 1 仍可被感知出来。为了制造这种气味幻觉，你可以玩一个游戏。以下表中的"苹果"这列为例：首先，你需要至少两张试香纸，分别浸透稀释后的香料（苹果酯、乙酸苄酯），然后将它们凑近鼻子，微微展开像扇子一样挥动，你会闻到苹果的味道。有时，为了避免某种原料过于刺激，我会把相应的试香纸拿在稍远一些的位置。这些幻觉并不是模型，只是思维运动的嗅觉例证，而思维运动只寻求创造与更新。

	苹果	桃	梨	草莓	野草莓	树莓
苹果酯	+	+	+	+	+	+
桃醛 C14		+				
黑醋栗净油		+				
乙酸苄酯	+					
香叶醇			+			+
乙酸己酯			+			
乙基麦芽酚				+	+	+
邻氨基苯甲酸甲酯					+	
β－紫罗兰酮						+

气味幻觉表：将每一条试香纸轻轻浸入相应材料中，然后在鼻子下面摇动。幻觉不是谎言，它是一种满足欲求的方式。

写下一款香水

许多时候，我需要在空白页上工工整整地写下材料的第一个名称，它应该表达出从一个由头而来的想法。为了推迟这个时刻，还有什么借口我不曾发现或编造出来呢？整理散落在工作台各个角落的、当前项目中使用的小瓶子，瞥过一眼尚未回复的信件，不明来源的声音，等待一通电话……

这种"拒绝创作的生物本能"可以持续数小时甚至数日之久。事实上，我期待初稿就能尽善尽美，包含一切我想要表达的内容，并拥有最终形式的质感，以便于我在几天或几周里打磨这个想法或主题。虽然我从经验中得知，最好避免完美主义，直接在纸上写下点什么，无论多么糟糕，至少有其存在的价值。

然而，创作香水不同于其他的表达形式——写作或音乐可以按照顺序安排词语或音符。这种一个接一个按序排列文字或音符的组合方法，无法运用在香水构建上，因为香水配方中添加的成分无论稍纵即逝还是坚韧持久，喷涂在皮肤上后都会被一次性全部察觉到。因此嗅觉印象是完整的，其中的各香料成分随时间而"褪色"。这就是为什么人们普遍被灌输的"香水结构分为前、中、后调"的观点其实是错误的。这种认知本质上采用的是一种分析性的方法，换句话说，是一种解构。香柠檬精油被视作前调，可以在试香纸上持续 6 小时；苯乙醇被认为是核心调（中调），可持续 20 小时；麝香则长达数日。但其实，一款淡香水作为一个整体，其气味不会持续 6 小时以上。因此，我不建议对香水采用这种构建方式，尽管我承认试香纸和皮肤上的分子蒸发顺序确实呈现出成分的某种线性关系。

我常常会对自己的创作感到惊奇，虽然一个想法可能在第一次尝试时就出现了，但被我构想出来并推动我前行的那个形式往往令人失望。当然，我调配香水的方法，材料的选择，跑题之后又重新纳入掌控，这些不仅与知识及某种形式的智力和感觉有关，还与直觉——对我来说，直觉是一种无意识的知识——及态度联系在一起。我对这种态度的定义是：拥有好奇、富有创造力的心灵——它能培养毅力、怀疑精神、确定感——摈弃常规习惯，尤其要追求愉悦。

好奇心

虽然经验教导我，某些材料很古怪，有时难以运用，但没有所谓的好气味或坏气味，它们只是参与我工作的质料。材料本身缺乏美感或鲜明品质，除了某种我朦胧地感觉到可能会增添香水之美的东西之外。尽管我的香料库藏品数量减少了，但仍足以让我培养和保持好奇心，不断探索潜在的用法，从旧元素中发现新元素，在习以为常中探寻意外惊喜。

创造性思维

当我写下一款香水的配方时，不仅要对我想要达成的目标有一个全局性的认识，还要记住每一种原料及其在配方中可能发挥的效果。布莱瑟·帕斯卡 [1] 曾论证道："如果我不了解各个部分，我就不能理解整体；如果我不了解整体，我也无法理解各个部分。"这个想法鼓励我在整体与局部之间来回地思考。

另外，因为我爱精湛的技艺——它对我构成了某种形式的诱惑——我一直寻找某种高效的方法，减少各种资源的使用。然而，所有这一切只是专业技术，是灵活

1. 布莱瑟·帕斯卡（Blaise Pascal, 1623—1662）：法国数学家、物理学家、发明家、作家和天主教神学家。在物理学领域他设计了水银气压计，提出了帕斯卡定律；在数学领域他提出了帕斯卡六边形定理。

的技巧，是解放思想进而激活创造力必不可少的才能。

创造力在某种程度上是一个思维关联性的问题。当我揉碎指间的老鹳草叶时，我会闻到老鹳草的气味，但还会有点黑松露，从而联想到橄榄油，进而又想到海狸香的气味——带点烟熏桦木，等等。桦木和老鹳草之间的联系就形成了有趣的香调。距离最远的联想通常最有趣。下面是一张气味地图，类似启发式图表，展现了不同气味，以及它们之间可能存在的关联。

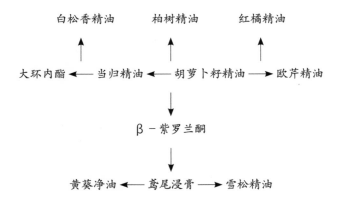

虽然听上去有点矛盾，但创造力也与遗忘相关。我们都有自己喜爱并反复阅读的书，虽然这本书始终不变，但是每次阅读还是会感到些微的不同。就连我们无比熟悉的绘画，也可能由于发现了其中的一个细节，而改变我们之前对它的认识。如此，这张图画就可能背叛了我们自身的记忆。正是这种遗忘的能力令我们不同于电脑，让我们得以进化，以不同的方式看待同一事物。正是因为我可以忘记，我才转变了对 β- 紫罗兰酮气味特征的看法：一个世纪以来，这种合成物质的名字和气味都与紫罗兰相关，直到我将它运用在宝格丽的"绿茶"中。紫罗兰酮与二氢茉莉酮酸甲酯组合会获得另一种合成香料，令人联想到茶的香气。一款香水的成分就像组成一种语言的词汇，它们随着时间推移不断演化，产生新的含义。

毅力、确信、怀疑

考虑到一款淡香水就包含了 20 到 30 种成分，每种成分浓度各异，最小可能只有百万分之几的浓度（PPM），最大可以有数百克，而且各成分还会以其自身的强度、挥发性、持久度相互作用，你必须做好一次又一次失败、反复测试的准备。

在正常工作条件下，两种嗅觉判断之间的等待时间从 15 分钟（在当前进行的项目中添加新成分的情况）到一个多小时不等（比如评估整个配方，在酒精中稀释至所需浓度，用试香纸检测，接下来几小时以一定间隔重新检验）。因此毅力是不可或缺的。总而言之，从初稿到最终定案，可能需要几个月到一年的案牍劳形。

为了克服最初的惰性和拒绝创新的本能（这不过是某种形式的逃避），培养一种短期的确定感是有用的，这能促使我们投入行动。因为创作一款香水首先是一个献身的问题，需要不厌其烦地积累、日复一日地坚持。确定性也是为了释放你的直觉，以便大胆选择想法、安排成分及其比例。

同时，你需要怀疑以避免自满。怀疑能给你必要的距离感，以免在评判测试品时过于仓促。它保护你免受即时满足感——那种短时间内的强烈快感的干扰，一天

之后你再测试样品，这种感觉可能会被全盘推翻。怀疑精神在合成香水和分析香

水的两种感知过程中具有同等的重要性。

拒绝陈规

尽管我喜爱具有熟悉感的香水，例如那些代表了"国际优质品位"的招牌产品，

但我依然觉得要与市场保持一定距离，才可能避开情感上的妥协。出于一种批判

性的保留态度（混杂着好奇心），我会寻找意想不到的私人气味，以回应所有这

些嗅觉噪音。这样，香水的主题不仅可能在重温某种原料时被构思出来，也可能萌生于对某种潜在信号的兴趣，比如织物、焦油、木头等的气味。雨中栀子花的香气引起的情感，或对我所喜爱的香气的再加工，也都是启发香水主题的因素。

愉悦感

愉悦感本质上是自私的，而奢侈品是用来分享的。香水和所有其他艺术一样，目的在于唤起感官愉悦。作为人，也作为一名气味作曲家，我必须先感到愉悦，才能赋予香水这种感受，无论愉悦是来自惊喜与启发，还是来自建议与暗示。香水是气味编织出的故事，有时也是记忆之诗。

为爱马仕创作"地中海花园"（Un Jardin en Méditerranée, 2003）的时候，我的素材来自地中海沿岸突尼斯的莱拉·孟莎里（Leïla Menchari）¹的花园。故事的缘起很简单——我看到一个微笑的年轻女子撕下一片无花果叶闻了闻。捕捉到那一瞬间，我做出了选择，无花果叶的气味成了地中海的象征。

几天之后，我回到实验室，写下了这款香水的主要框架，让它从一种共通的情感

1. 来自突尼斯的莱拉·孟莎里是爱马仕的艺术总监，从 1978 年起负责装饰爱马仕的橱窗。她的密友、著名作家米歇尔·图尼埃（Michel Tournier）称莱拉·孟莎里是"魔法女王"。

体验中浮现出来，并用我的笔记唤起我的记忆。

当然，我可以使用复杂的顶空技术来对花园里的环境气味进行采样，然而这种做法就像拍摄一张没有灵魂的快照，无法揭示此地的情感基调。这种手段只不过是对自然的模拟，是一种过时的技巧，是对知觉和鲜活情感的苍白模仿。试图用这种分析法重现具象的香水、重现真实的气味令我想到那些 19 世纪的香水配方，那些好闻的玫瑰、三叶草、紫罗兰的气味——它们是漂亮的气味混合物，却不是作品，无法称之为头脑的创造。

顶空技术是我钟爱有加的一种分析方法，但在探索新材料方面显示出了局限性——二十年的分析研究只为调香师提供了不到一打分子。如今，这项技术主要用于商业销售物料。未来的原料将主要来自纯研究和人类的想象，而不是来自对自然的机械捕捉。

榄青酮和桃醛，这两个成分可以表现无花果叶的气味。但是，香水的形态不能被归结为两者的简单调和。在香水中，构建和合成息息相关。构建可以定义为在基本香调中呈现的强度和质量的平衡；合成则体现在关联、对比、变化、交叠的过程中。因此，带有起皱薄荷叶气味的榄青酮与果香的李子味的桃醛相结合，就会显现出无花果叶的气味。而龙涎酮又会增添一种强韧的辛香调—木质调结构；二氢茉莉酮酸甲酯平添一分新鲜花香。榄青酮和桃醛都是强烈的材料，而龙涎酮和二氢茉莉酮酸甲酯则通过其浓度比例产生影响。这种强度和比例的组合经过平衡创造出无花果叶的香气。

正是这种合成过程表现出所有原料组合的相互作用；通过寻找一种内在和谐、一段"旋律"，我创造出一种嗅觉形式。当形式开始呈现意义，我体验到即刻的欣喜，感受到完全由直觉引导的创作乐趣。有时，形式仍然隐藏着，逃避我。在这种情况下，停下来花几天时间在其他项目上可以帮我再次找到出路。

经过无数次的尝试、"和弦"的多种组合，并通过共构、积累和筛选相关的想法，形式演变为香水。这款香水最终成为地中海花园的记忆诗篇。为了让它令人惊讶，带来清晰明亮的感觉，我突出黑醋栗和香柠檬的味道，而非干燥的无花果果香——后者会赋予香水某种厚重、饱满、食物般的质感。我选取了植物性的谐调，用一种闻起来像是皱巴巴、湿漉漉的植物的气味搭配橙子，以强化那种尖锐的清新感和略带辛辣的苦味。最后，我才去考虑香水的浓度、扩散性和氛围，毕竟一款香水的印象比其持久性更重要。

你必须自己先有愉悦感，才能唤起别人同样的情绪，进而打动他们。只需要一个简单的步骤或创意就能不断复苏的香水独有的愉悦感。显然，这一过程可以不断延续——我总会增加细节，不停地偏离轨道。为了避免这种危险，我会为自己设定一个"立即停止"的标准——这时我已经解决了所有考虑到的问题，同时还获得了评委会的主观认可，即使评委会的成员很少。

因此，香水的创作不仅仅是我之前试图展示的，那种构建和合成的过程中所涉及的不同材料之间的"冲突"和"融合"的结果，一种经过寻求和选择而得到的独特结果；香水的创作也是嗅觉风格和艺术才能的表达，一种我所拥有的跳出框框思考的艺术。这也是合格气味作曲家的标志。

香
水

在艺术中，一切皆为符号。

—— 毕加索

在设计香水的每一天，我都孜孜不倦地追寻美，尽管我依然不知道从何处寻觅。我只知道，为了吸引、感染、取悦、影响、诱惑——简言之"赢得芳心"——我必须精心运用我的全部知识，让香水能够激起欲望。对于古典主义哲学家，"能够激起欲望"标定了艺术的边界。然而事实上，香水会蒸发，会消失，这意味着人无法永远占有它，而欲望始终是欲望。

因此，我是借由人们的记忆——关于芳香气味的普遍记忆——来创造出香水的诱惑力。

无论故意为之抑或不由自主，从子宫中开始，我们就通过重复行为塑造着自己的嗅觉记忆，贯穿整个生命。伴随着成长，嗅觉记忆成为我们情感生活的一部分。于是，我们会喜欢孩子皮肤的味道和伴侣身上的气味，以及干净的毛巾、围巾、旧开衫、指甲油、黄油土司、果酱、咖啡、茶、巧克力、美酒、杏仁、肉桂、胡椒、百里香、大米、饼干、鲜花、水果、蜂蜜、薰衣草、铅笔、胶水、打蜡的家具、割过的青草还有雨的气味。相反，我们不喜欢未经清洗的床单、变质的牛奶、煮熟的卷心菜、大蒜、某些油漆、霉坏的烟草、地铁、漂白剂、黑板擦或抹布、猫尿、湿漉漉的狗（特别是别人家的狗）的气味。虽然有时候，气味的愉快或不愉快源自个人经历，或喜或悲的际遇，但同样，我们也都拥有某些共同的记忆，这让我们可以分享彼此的情感体验。

鉴于嗅觉记忆决定了我们如何选择香水，对调香师而言，我们的嗅觉记忆也就构成了他们的欲望对象。与流俗观点相反，嗅觉不是一种模糊、低级的感觉，而是复杂而精准的。凭借少数气味分子携带的嗅觉信息片段，大脑就可以重组对某种气味的整体印象——当然，这种气味首先要存在于记忆中。嗅觉重组的成果令人惊叹，但同时只是一种幻觉。

感官的愉悦也是一种理性选择。

论某些香水 [1]

对于那些超越时间的经典香水，我会用今人的鼻子来评价；而对于那些新出的香水，我会用古人的鼻子去评价。我意识到记忆的这种运作方式使得那些无法引起兴趣或激情的香水，那些与个人的历史或香水行业中某种嗅觉训练无关的香水缺乏意义，无法在记忆中留下任何痕迹。因此，按照分类法或归类法来评鉴香水，未免过度分析，充满距离感，无法打动我。要想彻底理解一款香水，就必须穿透它，从内部进行把握。只有褪去表象，我才能欣赏、评价，做出决定。

1. 此标题源于让·季奥诺所撰的最后
一篇文章。——原注

我也注意到，自己对香水的感知、理解和评判随着社会的观念、价值观、习俗和品位而变化。我对香水的心理印象也在不断改变和丰富。这意味着，我不断地重塑自己对过去的呈现方式——正是过去塑造了我的未来之作。

在 Osmothèque 香水博物馆 [1] 里，皮维的"绛三叶"（Trèfle Incarnat, 1905）深深吸引了我。它的气味十分前卫，里面添加了大量的水杨酸戊酯，从而带有了一种钢铁般的金属气味。同样吸引我的还有娇兰的"阵雨过后"（1905），其中大胆添加的大茴香醛，令人联想到金合欢和鸡蛋花。

1.Osmothèque 香水博物馆：位于凡尔赛，由让·克雷欧创立于 1990 年，是国际公认全球最完整的香水资料库，让-克罗德·艾列纳和居伊·罗贝尔（Guy Robert）等调香师为该馆的建立出了大力。博物馆的名字由希腊语"气味"（osmē）和法语"图书馆"（bibliothèque）组成。

保罗·波烈在 1910 年至 1925 年推出的香水也令我惊喜万分。这些作品很早就开始使用甚至滥用醛类物质：从极具金属感的醛香到果香浓郁的醛香，从"阿尔凯利纳德"（Arquelinade, 1923）的抽象气味到"禁果"（Fruit Défendu, 1913）中的写实芳香。尽管这些作品的风格有时缺少平衡感与和谐感，但有种"不羁"，我很喜欢。

愉悦感是我那个年代，也就是 20 世纪 50 年代至 70 年代的香水的主题。这样的香水包括罗拔贝格的"匪盗""喧哗"（Fracas），莲娜丽姿的"比翼双飞"（L'Air du Temps），迪奥的"迪奥之韵""清新之水"，姬龙雪的"斐济"（Fidji），爱马仕的"驿马车"（Calèche），娇兰的"爱之鼓""满堂红"（Habit Rouge），帕高的"卡兰德雷"（Calandre），香奈儿的"十九号"（N° 19）。它们顺滑厚重、圆润饱满、复杂浓郁、柔和馥郁，是我称之为"膏腴"的多值集合，这种效果源自刻意使用天然材料，这些材料包裹住它们，营造出某种"物质感"的个性标识。

对我的鼻子而言，这种愉悦感在娇兰的"一千零一夜"、倩碧的"芳香精粹"（Aromatics Elixir）、雅诗兰黛的"青春朝露"、迪奥的"迪奥小姐"、爱马仕的"爱马仕之水"（Eau d'Hermès）以及圣罗兰的"鸦片"那里已经转化为近乎肉欲的性感。

而那些 21 世纪的创新型作品，有时候可以通过大胆无畏的魄力征服我们，带来嗅觉上的惊喜。

所以，每个时代都建构了相应的文化根基和认同感，无论表现在服饰、音乐、气味还是其他方面。香水是社会的产物，从这个意义上来讲，它一旦丢失自身的神话传说，被人忘却，就会走向死亡。香水的生命不能停留在过去，而是要不断更新，不断调整，有时还需要依赖广告（最常见），依靠话语，强调挖掘那些被人遗忘的方面，对既存主题进行再创新。20 世纪调香师最常采用的主题就是玫瑰，这一点毋庸置疑。

香水的分类

虽然给气味下定义的想法可以一直追溯到亚里士多德，但直到 20 世纪后期，香水行业才开始对香水进行归纳和整理，尝试勾勒出香水世界的复杂图景，总结香水的种类，有时还会有全新的发现。美国格雷森有限公司（Grayson Associates Inc.）曾发布了类似的分类模型。受此启发，1976 年，德国哈门雷默公司以系谱学为基础，提出了最早的女士香水分类，对香水的芳香家族进行了划分。从此以后，香水行业的其他巨头也纷纷效仿，推出了各家的香水分类法。

整个香水行业中最著名的参考标准，就是法国调香师协会于 1984 年发布的分类法。最初，这个分类法只针对女士香水，将香水分为五大芳香家族：花香、西普、馥奇、琥珀和皮革，除馥奇和皮革外，其他芳香家族可再细分为多个子族。1990 年，第二版分类法发布，除了女士香水的分类，还增加了男士香水的分类，引入了两个新的芳香家族（及其子族）：柑橘和木香。

这些芳香家族是根据大多数调香师所认可的结构界定的，而结构取决于材料的标准组合。因此，对于馥奇芳香家族，你会看到这样的描述：

"馥奇调"（fougères），这个充满想象力的名字并不指涉任何蕨类植物

的气味，而是由薰衣草、木香、橡树苔、香豆素、香柠檬、老鹳草等

气味构建的。

身为法国调香师协会香水分类委员会的成员，如今，我正在考虑这种分类的真正意

义——因为鲜少有人可以通过阅读这类定义明白"馥奇"的气味究竟为何。人们并

不熟悉每种原料的气味，无法想象它们的组合。

当我读到让·季奥诺在《意大利之旅》中写下的一段话时，更加坚定了自己的想

法——分类是一种冒险：

当我谈论一幅画时，困扰我的是我发现不可能真正描述出颜色；然而
这是至关重要的。我可以说红色、绿色、黄色，但这些词并不能帮助
我看见任何东西；反而让每个人都觉得自己做到了。但谁能在别人用
词语描述一幅画时说自己看到了呢？用感受来描述它（乍看似乎更好）
最终只会造成更多困惑。[1]

我读到这段话的时候，"感受"这个词吸引了我的注意。我看着"感受"（le-

1.Jean Giono, Voyage en Italie [M].
Paris : Gallimard, Coll. Bibliothèque de la
Pléiade, 1995, p. 581. ——原注

sentiment）这个词，耳边却响起"感官的谎言"（le-sens-qui-ment）。所有分类都具有主观性，甚至完全是个人的。因此，我查看了各种不同的分类方法，特别是古典音乐的分类法。由此我了解到，在相当一段时期里，音乐按照结构划分：抒情歌曲、布雷舞曲、圣咏、协奏曲、练习曲、赋格、小步舞曲、帕凡舞曲、波尔卡、波兰舞曲、狂想曲、奏鸣曲、组曲、交响乐、圆舞曲……后来，到了 20 世纪 50年代，许多作曲家都拒绝这种预制的形式，减少对音乐结构的关注，而是将重点放在乐器的声音上。

尽管如此，我们还是会使用分类法来选购唱片：古典乐、爵士乐、流行乐、摇乐、乡村音乐、蓝调音乐、民谣、灵魂乐、说唱……毕竟，我们是根据音乐的类型在选择自己喜爱的音乐。可是，音乐的分类无法告诉我们音乐的品质。如今，我们的选择更多基于艺术家的名字——诺拉·琼斯[1]、莫扎特、布拉德·梅尔道[2]、夏勒·特雷内[3]等。

今天，我发现重要的分类信息蕴含在香水的创作日期、名称以及分销品牌里。如果你有机会采样的话，日期会告诉你这款香水的发展历程，而品牌和商品名传达了一种这家公司具有创新性的观念（见《市场营销》章节"沙龙推广"部分）。

1. 诺拉·琼斯（Norah Jones, 1979— ）：美国著名爵士乐歌手、音乐创作人、演员。

2. 布拉德·梅尔道（Brad Mehldau, 1970— ）：美国爵士乐钢琴家、作曲家、编曲人。

3. 夏勒·特雷内（Charles Trénet, 1913—2001）：法国歌手、音乐创作人，其作品多以爵士乐与轻音乐为主。

此外，在寻求新的表现形式时，调香师和市场一齐孕育出了新的结构。调香师的记忆中保存了与过去的香水的联系，这些香水的气味是他们创作的参考。很多新香水诞生了，也有很多消失了。Osmothèque 香水博物馆就是过去的香水的归宿。

结构、词语、感受，这些方法都不对。在此，我提出一种个人的类型学。按照我的分类法，香水由它们的形式被定义，换句话说，按照香水被感知的方式，而不是按照它们的组成材料来划分。诸如古典主义、巴洛克风格、叙事风格、写实主义、抽象主义、极简主义等各种形式。

- 古典主义：已经成为香水业标志和原型的作品

- 巴洛克风格：表现夸张、占据空间，通过强化细节而显现张力

- 叙事风格：记叙故事、描述地点或旅程

- 写实主义：忠实再现某一特定气味

- 抽象主义：不以任何方式模拟自然

- 极简主义：表现气味本身，摆脱一切情绪

当然，这些类别之间也可以形成多种组合。

按照这种分类标准，就不会存在"现代风格"。"现代"这个词并不能定义某种香水的形式，而是一种暂时的状态。巴洛克式在其所属的时代就是"现代风格"，它只是一段流逝的时间，勾勒和定义了那一种艺术的表达形式。

创造在定义上就是一个开放的系统，它抵制甚至反对任何构成封闭系统的分类。新的装配是一种赌博，也是一种冒险。

香水评鉴

2006 年 8 月,《纽约时报》宣布聘请一位香水专栏作家。专栏作家对角色的描述如下:"香水的创作是一种更高级的艺术表现形式,相当于绘画或音乐。专栏将香水作为一门独立的艺术予以承认。"他成为香水艺术的第一位评论家。这个消息让我很高兴。它预示着一门新学科的诞生。

要使香水成为一种艺术表现形式,批评是必不可少的。这不仅仅在于罗列和展示其组成材料来描述它——阅读食谱并不会让舌头品尝到美味——而是要根据它的

香
水
气
味
的
炼
金
术

表达方式、独创性、质量以及被我称为风格的香水特质来评判它。风格将香水与创造它们的人分开。批评迫使调香师重新考虑他们所做的一切，因为在一个所有品牌处于竞争状态的市场中，区别性比新奇更重要，新奇只是一种暂时的状态。区别性才是品牌赖以生存的条件。

香水评论最早出现在网络上。香水博客一开始只是业余爱好者的个人博客，如今已经成为重要的交流论坛，每天都有数千人访问。如今，这些评论家自由评论香水新品，而其他互联网用户也可以随意表达个人观点。无论是爱好者、鉴赏家还是业内人士，我喜欢他们的态度、他们的真实感受，只要他们在香水上保持独立和批判的声音，不要成为品牌营销的喉舌。在我看来，这样的声音对于香水爱好者、香水和调香师都有真正的好处。这些评论只会鼓励香水界的年轻人才和新的香水创作。我们可以短暂忘记"销量前十"——这些市场冠军提供不了任何形式的批评参考，除却迎合了一定比例的消费者之外。

时
间

"一个小时并不只是一个小时，它是一只玉瓶金樽，装满

芳香、声音、各种各样的计划和雨雪阴晴。"

—— 马塞尔·普鲁斯特，《重现的时光》*

* 马塞尔·普鲁斯特.《追忆似水年华》: 第七卷 [M]. 徐和瑾，周国强，译. 南京 : 译林出版社，1991.

从威尼斯圣马可广场的总督府露台上，我眺望着钟塔和那深蓝色的表盘，表盘上刻着罗马数字，为 24 小时制。旁边的另一面表盘则显示着小时和分钟。现在是上午 10 点，然后是 10 点 05 分，10 点 10 分，10 点 15 分……而我的手表则紧追时间的脚步，这个电子表盘不仅在显示具体时刻，还显示了时间本身。虽然理智告诉我，钟塔的时间和手表一致，但我的感知却不同。由于时间间隔的差异，我对时间流逝的感受不同。我的双眼盯着秒针的运动，眩晕感油然而生，进一步强化了这种印象。

但我为什么要提到时间？因为时间雕刻我们的思维，渗透着我们的每一刻，塑造了我们创造的一切事物。每一块大陆、每一个个体都以各自的方式感知、展示或运用着时间。在印度，传统的音乐创作与时日、季节周期相关；在中国，画家从不画出阴影，他们所描绘的世界是永恒的。与我们更接近的，是服装设计师山本耀司的话："我的服装没有季节。"[1]

时间与香水

每个时代都印刻着时代精神。这种精神自由地、非理性地流动着，并由相互联

1.Florence Evin. Yohji Yamamoto, mauvais garçon de la mode [N]. Le Monde, 2008-11-4.

系、形成共鸣的各种直觉、本能和思想所引导，在一系列艺术作品中表达出来。

我还记得与阿兰·桑德朗[1]大厨的谈话。对日式料理的迷恋使他成为新式法餐烹饪的创始人之一。他喜欢强调摆盘的影响和时间的重要性，也一再强调浸渍食物的时长，以达到最佳的口感平衡。凭借对烹调时间的精准调控，他成功创造出独特的冷食热食混搭的菜品。他还谈到了低温慢烹的好处。毫无疑问，他的烹饪创作是由这样一种文化和时间塑造的。通过从原料主导的技术转向以感官为核心的方法，他创造出具有个人特色的食物审美。

1. 阿兰·桑德朗（Alain Senderens, 1939— ）：新式法餐烹饪的创始人之一，法国烹饪界名厨。

但这与香水有什么关系？在 20 世纪，调香师们热情歌颂香水的原料、饱满度、厚重感、力量、内容物，积极参考经典作品，将借鉴的元素运用到自己的作品中。直到 20 世纪 70 年代后期，这种物质为主导的风格一直都是香水的主要模式。为了体现专业的知识，香水配方都很繁复，包括了子配方、混合物、基香、额外成分、双倍剂量。准备工作冗长，比例很复杂；准备人员可能要花上一整天来"搭建"配方。经过数月的研究，调配好的香水进入成熟阶段，然后浸渍在贮存罐中，有时长达半年，以促进其中的理化反应。

那个时代结束时，主要香水制造商决定给香水的所有原料建立气味特征档案，研究它们如何随时间变化。这些技术细节看起来似乎是奇闻轶事，但它们表明人们对时间和口味的态度发生了变化：在竞争日益激烈的市场上，消费者希望他们的香水的成分可以被测量。

十年后，焦点小组[1]和市场测试应运而生。许多调香师开始采用更具技术性的方法来合成或组装所谓的"线性"复合物。香水必须营造出某种简洁凝练的幻觉，在风格上则保持一致性、不能有明显的变化，同时还要浓郁饱满、留香持久。香水在皮肤上的扩散力和持续力成了一项非常重要的销售标准。

1. 焦点小组：一种市场调查方法，主持人和一组被调查者进行自然交谈，从而获取市场反馈。

这些线性香水让我联想到一些同时期诞生的音乐作品。在这些音乐中，强度的变化被放弃了，因此可以在任何环境中被动地收听它们。古典乐和爵士乐则不同，因为它们在演奏中会呈现不同的强度，需要人们主动去聆听。

这种香水只使用能够维持自身主要特性的成分，这类成分受时间的影响很小，可以用来构造作品。这样一来，留给天然成分的发挥空间就很小了，因为除了广藿香和檀香之类的香气比较持久，其他天然香料的香味都会随时间发生变化。尽管如此，香水的配方依然复杂，哪怕这些香水浓缩液不到一小时就能用自动化生产系统加工出来。制造中的熟成过程已经成为过去，浸渍过程如今都发生在商店的货架上。

除了这类线性香水（它们的确满足了一些消费者的需求），另一种更概念化的香水也吸引了不同的客户群体，我称之为"演变的香水"。这些香水的成分必须作为整体被感受，随着香水的蒸发，它们的成分会发生变化，时而空洞，时而饱满，各种成分就像协奏，惊喜不断。风格优先于材料。调香师的任务就是将这些嗅觉片段连缀成完整的运动。香水的蒸发不再是局限，而成了一种风格的表达。在其中我们体验到一种时间的变化，恢复了选择的自由。

所用的成分无论来源，香气都会随时间而发生变化。天然成分在构成上更复杂，很难运用得当。

对此尽可能简单的解释是，我们不能仅凭香水配方的形式就给出定论，也要考虑到时间这个因素，时间也是香水成分的内在组成部分。这种观念在米歇尔·翁弗雷[1]的《美食理性》[2]中得到了完美的表达，可以对应香水业过去与现在的理念，这也是我尝试将香水与烹饪进行对比的缘由。

1. 米歇尔·翁弗雷（Michel Onfray, 1959— ）：当代法国作家、哲学家。

2.Michel Onfray. La raison gourmande: Philosophie du goût [M].Paris: Éditions Grasset & Fasquelle, 1995.

创作的时间

我很遗憾自己已经失去了"无聊"的能力。写作、阅读、修整花园、绘画、烹饪、除尘……尽管这些次要的活动多少与香水有关（除了除尘），但我还是想要赞美"无为"，因为花费时间不等于浪费时间。我的大部分想法，都是在阅读、散步甚至什么都不做的时候，不经意间闪现出来的，而非来自苦思冥想。重点在于把握这些时机，随手记下——几句话，某些原料的名字，或一闪而过的某个念头。

把想法转化为作品所需的时间可以从几天到几个月不等。有些香水是我在几天内就创作出来的，好像它们的形态早就存在了，只等着从我的记忆中浮现出来。有些作品则耗时耗力，需要按部就班去完成。还发生过这样的情况：在调香过程中，不知是意外的成分组合，还是其中某种成分的剂量有误，试验的结果不如我设想的那样成功，却打开了一个新的方向。因此，我会将所有测试样品都保存几个月，让时间在其中发挥作用。有时，在回到可臻完美的最初尝试，重新开辟一条道路之前，我会进行多重试验。事实上，经由这种方法，我更清楚地了解到自己不想要什么，然后排除它们，以此获得自己真正想要的。

感知的时间

我们都知道，香水会在时间和空间两个维度上展开。与此同时，我们最开始闻到的气味，其实就是香水的总体。其中就包括了配方中所谓的基调——我更喜欢用"距离较远的成分"来形容它们。从第一秒开始，嗅觉就会感知到"距离较远的成分"，因此，只要忽视掉这些成分，我就能分辨出其中的各种差异。作为一名调香师，如果我不清楚某款香水的配方，就会在试香纸上浸上香水，夹在明信片夹上，放置48小时，确保这些成分依次出现。一段时间之后，许多成分会蒸发殆尽，只留下最持久的分子。就像一辆公交车只有空的时候，才方便在车上找人。因此，香水的表现方式非常独特，即时空交融。

当然，有时也令人抓狂：如果连续几分钟"盯着"某款香水或某种气味，我们的感官会饱和，无法区分任何事物，只能感觉到"嗅觉白噪"。其他感官并不会出现这种令人沮丧的情况。虽然芳香分子的表达呈现是连续的，但我们的鼻子只能捕捉其中一个瞬间的气味，即时间的片段——这种机制或许是为了让嗅觉保持灵敏吧！为了弥补这种失落感，我们会调动嗅觉的记忆，断断续续地分析、评估、比较香水。葡萄酒专家也会使用这样的方法来鉴赏葡萄酒，经过观、闻、品、吐的简短流程，品酒师会判断这款酒在一定时间内的口感和持久性。同样，闻香就是体验一连串的气味时刻。调制香水的时候，要利用还是削弱这种效果取决于调香师。

购买的时间

人类学家爱德华·霍尔[1]认为，每种感官的感觉过程都对应一种空间距离。他的研究可以总结为：视觉是一种"公共距离"，即陌生人之间的距离，足以获取基本信息，比如师生之间的距离或者新闻发布会上的距离；听觉属于"社交距离"，即用来交流的距离，可以促进信息分享、建立商业关系；触觉和味觉对应的是

1. 爱德华·霍尔（Edward T. Hall, 1914—2009）：美国人类学家、跨文化研究专家。

"亲密距离"，既适合大快朵颐，也适合窃窃私语；而嗅觉介于社交距离和亲密距离之间，即"个人距离"，它是轻声谈话的距离，是朋友相处的距离，也是分享情感和经验的距离。

营销部门会通过培育某一类型的感觉模式，选用一种和消费者／顾客之间的距离策略，营造出或多或少与所提供的产品类型相匹配的空间感，让人们沉浸于购物，忽视在其中逗留的时间。

因此，超市更青睐视觉距离。空间被设计得中立、宽阔、深长，易于通过和移动，可以利用视觉距离迅速捕捉消费者的注意力。品牌名称及其颜色代码很容易辨认，本周十大热销产品也会被展示出来，新品格外醒目，广告板上播放着充满诱惑力的明星图片……所有的元素都以视觉化的方式组织起来，以吸引注意力。产品摆放在平均的视觉高度，屏幕播放着熟悉的电视广告。商家这样安排的目的是鼓励冲动购买，以提供即时满足感。7 分钟是消费者在这些柜台的平均逗留时间。

虽然专卖店和精品店也重视品牌视觉形象，但它们的首选还是"个人距离"。在这种私人化的空间内，品牌名称和色码都有着清晰规定。很多时候，商家会提供一些管状试用装，便于顾客体验香水。每一位顾客都可以享受专人服务，但要花时间慢慢等。这一过程重在倾听、交流、推荐和展示产品。在专卖店或精品店里，每次购物的平均时间大概是 30 分钟。这些时间的意义在于培养顾客的体验、记忆和品牌忠诚度。

在爱马仕的时间

在爱马仕的那段时间，我试着敞开胸怀，迎接每一刻的机遇，保持最大程度的自由开放。这种心态让我想到了蒙田《随笔集》里的一段话，他建议我们不要耽于现在，而要"随顺而活"[1]。

"闻香系列""花园系列""古龙水系列"以及其他新香水，清晰地勾勒了我在爱马仕的那段时间。在我开始"闻香系列"的创作时，我感到了一种前所未有的平和感。不再计较输赢，不再想着占领"市场"；我只需要获得爱马仕的认同。这段时期，我不断尝试，也不会有市场的催促追赶。所以，我可以不赶时间，按自己节奏来，也可以浪费时间，不断探寻，或放弃、保留、遗忘，活在自己的艺术世界之中。我既为自己而创作，也希望这款香水可以取悦他人。

1.François Jullien.Du 'temps ': Eléments d'une philosophie du vivre [M]. Paris: Éditions Grasset & Fasquelle, 2001.
——原注
该书中文版：朱利安 . 论"时间"：生活哲学的要素 [M]. 张君懿，译 .北京 : 北京大学出版社 , 2016.

在创作"花园系列"的过程中，我也发现了许多值得学习的东西。正是一些我过去一无所知的地方，引发了我在情绪上的某种重要转变，在另一些境遇下变成我为自己香水的选择的主题。无花果叶之于"地中海花园"、青杧果之于"尼罗河花园"、生姜和水之于"雨后花园"（Un Jardin après la Mousson）。每一件作品的实际调制时间都很短；但前期的酝酿时间却长达数月。在"花园系列"前两款香水的创作之旅的头几天，我感到非常焦虑——那时候，我只是单纯害怕自己找不到主题，遭遇商业上的滑铁卢。但经过这两款香水的历练后，我已经可以从容面对第三款作品了。

创作"古龙水系列"的时候，我可以自由发挥创意，这点和"闻香系列"时期差不多；只有一个明显差别，就是二者的表现风格。从 19 世纪至今，人们形成了一种默认的共识：古龙水适用于清洁、卫生、保健，可以立刻愉悦身心，不涉及性欲。如今这些低调、明显无害的产品正在经历变化，这些变化背后的东西是一种姿态，一种仪式，一种挣脱压抑的愉悦，以及一种被认可的中性风。

随着分销规模逐步扩大，我也需要不断创作新的香水；而这会让我感到焦虑。因为，事实上，市场会严格遵循自己的运转周期，其中涉及产品的新旧更迭、潮流变化。变化会鼓励创新；创新会制造需求。许多香水早早被撤下柜台，人们甚至都来不及认真欣赏它们。这种现象反映了市场对消费者的轻视，以及对调制这些香水的调香师的不尊重。

为了和市场保持距离，以免受其影响，我不会为了市场需求而创作，市场也不是我的参考标准。要想创作永恒经典，要想创意自由，调香师必须自己把握时间和节奏，而不是被市场需求催促压迫。为了妥善利用时间，沉浸在自己的思绪和试验之中，我选择远离巴黎。作为一名匠人和艺术家，我希望自己的香水风格能够与爱马仕的品牌格调保持谐调。如果我想要表达"空间"和"光"的概念，那是因为我需要以一种强健、喜悦、生机蓬勃、无拘无束的方式表现我的作品。

为了消解我们对时间的紧张感，最后，我想以让·季奥诺的一段话来结束这一章：

> 时间 [……] 的形状不是直线，直线是箭、路、跑道，是事物朝着目的
> 地生长；而时间的形状是圆，圆是太阳、世界、上帝，是永恒与静止
> 的存在 [……] 所有文明人 [……] 都说时间很长；不，应该说时间很圆。
> 我们最终走向虚无，正是因为我们追逐世间万物，最后能得到是因为
> 我们调动了所有感官去感知。倘若岁月是个水果，那么，我们的任务
> 就是吃掉它们……将它们转化为纯洁的肉身、我们的灵魂，然后继续
> 生活。除此之外，活着别无意义。[1]

1.Jean Giono. Rondeurs des jours [M].
L'eau vive I, Paris: Gallimard,1994.

市　场　营　销

既无任何模仿对象，又岂会出错？

—— 威廉·福克纳

我的目的不在于解释香水行业运用的营销技巧，而是要将气味作曲家的角色置入各种形式的营销活动。

要知道，营销是一整套用于定义、设计、推广产品的技术和分析手段，并适时地进行微调，使最终的产品可以迎合消费者的需求，以此来适应整个生产系统和分销体系。

历史上，香水的营销始于 20 世纪 70 年代。短短数年时间，调香师的角色就发生了转变。过去，调香师负责将董事长选择的精英主义产品推向市场（当时的法国尚未开始使用"营销"一词）；而现在他们的工作对象变成了市场部门设计的大众化产品。

通过扩大商品的选择范围，确保产品质量可靠，提供全球分销渠道和更高的投资回报，市场营销推动了香水品牌的发展，让这门生意转变为具有强大竞争力的国际性产业。

需求营销

生产商的目的就是在全球范围内销售香水。为了实现这一目标，市场营销的重点不再是贩卖商品，因为这过于依赖信念和个人选择。如今，要想开拓全球市场，重点已经转向了"需求营销"。需求营销持续评估消费者的需求、习惯和兴趣，以此判断产品的好坏及人们从中获得的愉悦感，从而创造需求。

根据不同的客户类型，市场也进行细分，因此产品也要适应特定的细分目标市场。尽管这种方法看起来新颖，但缺乏创造性，因为这些产品在创作之前，已经预先定好要匹配特定目标客户的需求。这种市场愿景的结果就是品牌设计讨好所有人的产品。营销人员设计出识别消费者需求和品位的工具——香水分类、国际市场分析、讨论流行趋势的书籍（如今在时尚产业中十分普遍）、焦点小组，以及最重要的市场测试——以引导消费者选择产品。

市场测试催生出那些根据我所说的"光标法"制作出的香水。调香师会根据"嗅觉打钩框"系统设计香水。这个打钩框列出了一系列标准——"女性气质""男性气质""罕见""馥郁""强大""轻盈""优雅""花香""木香""现代""经典""持久"等关键词。市场营销部和公司组织测试，确定标准。

对于调香师——品牌的潜在供货商来说，需要创作出完美匹配市场部搜集的客户档案的香水。创作时，调香师要按照这套"光标法"，根据各种气味与不同标准的匹配程度，采纳或拒绝某种气味类型。这导致调香师疏离了自己的感官判断力，创造力也被极大地限制了。这种方法规范了一套新的嗅觉习惯，或者说新的服从制度。

话虽如此，但我认为香水的整体质量还是有所提高的。在技术层面，这些香水尾韵绵长，有较高的扩散性和持久度；这些成果也是调香师数月工作的结晶。这些都是很好的香水。

"好"的悖论在于：它便于识别，却毫无惊喜。接受和认可都发生在一瞬间。所谓的"好"几乎一直建立在老生常谈、熟悉而刻板的观念基础上。此外，这种以追求"新奇"和"成功"为特征的做法引发了香水的持续更新换代——仅在 2007 年，法国就推出了约 250 款新香水——也导致消费者产品忠诚度的下降。

人们渐渐开始意识到这个问题；如今，香水市场中出现了其他营销方式，特别在吸引消费者方面。推动这些改变的先驱是一些沙龙香水品牌，比如安霓可·古特尔（Annick Goutal）、阿蒂仙、川久保玲、蒂普提克、德瑞克·马尔、别样公司等。在我看来，"沙龙香水"这个词过于狭隘了，因为它仅仅根据分销模式（主要是它们的品牌门店）来定义它们；而它们的商业模式还可以通过一系列特定的标准和价值来理解。

沙龙推广

由于沙龙香水极少或根本不采取广告营销的手段，沙龙香水商更专注于香水产品本身。因此，香水的气味必须"为自己代言"——要具有独特的嗅觉特征，以展现鲜明的特质，一种嗅觉个性。

在选择名字的环节上，沙龙香水品牌小心谨慎。因为名字是消费者与产品之间的"对话"中出现的第一个要素：一款香水的名字不是为了与顾客达成共识，而是为了引起他们的好奇心。绝大多数产品都仅在相对"封闭"的精品小店中发售，顾客在这里接受训练有素的员工细心周到的服务。他们非常熟悉香水的世界，了解每一款香水背后的独特故事。

"沙龙香水"区别于其他香水之处在于它与主流商业香水的关系、它的分销方式，也在于它如何表现自己的独到之处。为了维护其独特性，沙龙香水必须先接受专家的评判。虽然大多数评论来自美妆领域的记者，但香水专业人士（包括市场营销专家、调香师、香水评论员）才是第一批搜寻、采样、评判、讨论香水的人，他们的观点会被当作重要参考。由于沙龙香水受到严格的分销限制，产品也相对难以接触，消费者只能依赖美妆杂志和经过展销培训的销售人员的判断。他们也无法对产品进行比较，因为这些沙龙香水通常仅在一个地点展示，比如所属品牌的精品店，而不会和其他品牌的香水摆在一起。

对于沙龙香水的调香师，观察顾客的反应并和他/她建立关系至关重要，因为口耳相传对这些产品的声誉和推广非常重要。

无论是受雇主委托还是自由创作，以嗅觉为基础依旧是调香师的第一创作方式。他们无须根据细分客户对产品进行预调，无须进行市场测试，也没有广告里的神秘形象——或者引用柏拉图的话说，"或许可信的故事"。它们是独一无二的香水，是心灵的创造，主要诉诸嗅觉感知。

未来的营销

如今，层出不穷却又毫无新意的产品已经淹没了消费者。人们厌倦了无休无止的雷同的广告：同一个模特重复出现在诸多品牌之中。顾客只被当作"花钱买东西的人"，从商品中找不到梦想、自身的独特性或者愉悦的感觉。所以，他们转向其他产品，寻求其他幻想的来源。品牌要想赢回顾客，就要在"具象化"的香水业中寻找答案。

这种方法的第一步是理解品牌的风格。这并不是要和其他品牌进行比较，而是探索和构建自身的独特性，从而树立清晰的品牌愿景，并遵守相应的承诺。

在这种营销方式中，营销的目的在于创造品牌的未来，展望品牌可以为客户提供什么。虽然对品牌的研究可以提供比如200页的顾客需求简介,却无法提供配方。答案就在那些公司内部,在其中,形形色色的人(比如艺术家、设计师和装饰师)发挥着各自的创意——即使他们所创作的产品位于品牌的外围。倾听品牌建设上的成功者也是一种规划未来的方法。

对于这类营销,任务就在于分享项目的工作方法和进展,这不仅是就负责运转的人(如销售代表和分销商)而言,还包括全体员工。这是一项集体性的商业冒险,而香水就在结构的核心。香水不是庞大整体的组成部分之一,而是核心主题。这种营销方法中没有市场测试的一席之地,一般意义上的需求简报也不重要——传统上，香水的需求简报包括品牌历史、相对于竞争者的品牌定位、消费者视角下的品牌定位、品牌概念、性别形象、香水浓缩液的价格及提交方案的最后期限。

如果香水公司没有内部调香师，就需要在品牌营销的过程中选择两到三名调香师（或者一个也可以），以绝对信任委托他们，密切合作以完成项目。在新香水的创作过程中，竞争毫无用武之地。创作并不是为了"做得更好"，而是要"与众不同"！项目经理的任务也不是监督管理创意的运转，而是赋予调香师创作的自由。在这个过程中，没有权力的扩散，最终的决策是由一个非常小的团队来决定的。

项目，一如它的字面意义（投放）所示，需要将市场的需求投放出来，有时用拼贴画或照片来演示。这些图例起到了辅助的作用，可以简单清晰地阐明概念。然而，尽管图例可以传达信息，文字却更胜一筹——因为文字需要逻辑结构和组织条理，需要更强的思考力。香水是建立在讨论和交流的基础上的。马克斯·波蒂曾说："你告诉我的东西永远不可能完全等同于我所理解的，反之亦然。但我们可以在一些重要观点的基础上，达成某种形式的妥协：这种共识虽然只能说是接近，但依然值得信赖。"[1] 共识可以促进双方之间的建设性交流，而这种交流催出欲望。

1.Max Poty.L'Illusion de communiquer: Le compromis de reconnaissance, théâtre de vie [M]. Paris : L'Harmattan, 2004.——原注

调香师所要创造的，就是一种欲望的表达。因为正是我们对某一事物的欲望，使它显得美丽，有吸引力。

更具体地说，我们每个人都有计划和欲望，没有欲望的计划和没有计划的欲望。在对房屋的规划中，会考虑到房间的数量、空间的布局还有电源插座的数量。在欲望中，有房屋、周围的环境、色彩、质感和气味——事实上也就是你自己。

由于概念是抽象的、笼统的，我们需要将概念"物质化""具象化"。所以，调香师其实是在为自己而创作。香水的存在离不开精心挑选的、真实的物质材料。正是调香师令其从无到有。

在这趟心灵之旅中，调香师期待市场营销可以提供一种批判性的、智慧的、积极而良性的姿态。当然，责任在于他自己，而他并不依赖于外界判断，那只是为项目提供框架。调香师打开思路，去达到一种平衡；之后，他会听取人们对作品的看法和评价。"喜欢"或"不喜欢"都不重要，重要的是从中发现拒绝的边界。

我们很难判断一款香水是否会成功。在最终结果出现之前，成功与失败处于一种悬而未决的平衡状态。在这种状态中，直觉脱离了既定的框架。

一款香水要想与众不同，不仅要坚持自身的独特性，还要以质量来证明。其中，气味的稀有性、嗅觉的新颖性至关重要。想象力就是在这里涌现的，因为香味的重复性或庸常性并非源自思想观念，而是源于处理方式。调香师们使用相同的天然香料成分或同样的合成产品，并不意味着他们就是在重复自己。是这些成分组合起来的方式造成了各自的不同。今天，60 种基本成分构成了香水行业中 80% 的配方。

只有真正的创造能够引起不安，带来未知，令消费者思考，并引发态度上的转变。它拓展了消费者的感知。我相信，这正是品牌忠诚度的培养方式。

当然，我也可以创作一款古典主义香水，或者巴洛克风格、叙事风格、写实主义、抽象主义、极简主义以及其他风格的香水。但首先，我相信所有的香水都应具有形式、区别、想象力、包容度、性感和惊喜。这样，香水才不会被简单地视作一个产品、东西或商品。

致营销人士

我想和读者分享一个想法。你可曾注意到街上、电影院或剧院里同时存在着多少种香水？

当我闻到"比翼双飞""初遇""五号""清新之水""一千零一夜""鸦片""大地""天使""橘彩星光"这些香水的时候，我仿佛在时间中来来回回地穿梭——1947 年、1976 年、1921 年、1966 年、1925 年、1977 年、2006 年、1992 年、2004 年。香水有一种额外的特质是时尚和广告所不具有的——它能带你穿越时间。除了艺术品，我不知道还有多少事物能够存在于时间之外。

如果这就是营销人员想要实现的目标，我想对他们说："做个开拓者吧！将情绪置于感官之上。摆脱你习得的框架、你的体系、你的语言。香水的配方、结构及成分永远无法解释或传达顾客闻一款香水时体验到的情感。分享你的激情和欲望吧。这无疑会需要更多的时间，因为我们必须创建一套共通的词汇体系以便相互理解。这也会更为困难，因为我们将与他人分享一部分自我。但最终的结果将是创造性的、不掺任何杂质的，因为香水不是某种直接传达当下即时感觉的产品，而是一座联结情感生活的桥梁。这种联结不是言语上的，而是嗅觉上的。它会促成人与人之间的相遇与接纳，当然有时带来的是回避，但也不失为一件好事。

进入市场

香水浓缩液的生产制造

香奈儿、爱马仕、娇兰、卡朗、迪奥和让·巴杜等品牌拥有自己的内部香料供应商，可以为自己的品牌自主调配、生产香水；而其他品牌则只能依赖香精香料公司为其制造香水浓缩液（参考《国际市场品牌》章节）。

因此，人们一般会在收获季节采购天然香料，通常在当地。至于合成香料，如果香水浓缩液生产商无法自行提供，则需要按需采购。所有采购的原料都需经过反复检测。

226　香水浓缩液按照调香师的香水配方由自动仪器来生产。这些机器可以精确并高速地称量从几克到数吨的产品。一旦香水浓缩液生产完毕，就会被输送到香水品牌工厂，由这些品牌进行后续的香水生产制造工作，并将其推向市场。

香水的生产与制造

将香水推向市场的第一步就是制定投放协议。该文件由公司市场部、财务和行业总监以及中央管理层商定，涵盖了产品制造的每一个细节及各个不同阶段的相关成本。

各种工业制造阶段都需要符合具体到每个步骤的生产流程规范，即"药品生产质量管理规范"（GMP），也需要遵守公司的监管规定。在制造、检测、精细加工等各个环节，都应遵循一定的操作流程，才能确保最终产品合乎规定。这些操作逻辑既要定义明晰，逻辑严密，又要确保可以重复。

就具体的生产流程来说，第一步是检查、审核成品的全部组成部分，包括瓶子、喷雾装置、标签、乙醇、水、香水浓缩液，等等。这些检查都需要在生产现场按照质量控制的各项规定进行。

所有组件管理流程都已计算机化。

第二步是香水的制造（包括淡香水、淡香精、香精等）。该过程首先需制造少量的"中试批次"[1]以便后续检查，并在必要时调整具体生产流程，包括使用的原料、混合的温度、熟化和浸渍的时间、冷却及过滤的条件。

所有香水浓缩液都需要经过一段时间的熟成。经过足够长时间的熟成，确保其中

1. 中试批次：中试是介于研发和量产之间的阶段。在此阶段，中试批次产品会经过多项测试，以暴露出可能存在的问题，经过研发部门调整、修改、完善，产品最终通过后，才投入量产。

的合成原料和天然原料的气味融合之后，再投入生产。

为了稳定香气，香水浓缩液要在乙醇中浸渍一段时间，时间从一周到一个月不等。浸渍是香料成分与乙醇的各种理化反应过程。在这之后，将含乙醇的溶液冷却、过滤并贮存在不锈钢容器中，容器中注入氮气以防止氧化。

一旦生产完成，就会取该批次的样品送到检测中心进行认证。每个香水瓶都会被分配一个与具体生产线对应的编码。该编码包含了该产品的批次和生产年月，以便后续追踪。

所有操作都会记录在计算机上，每款香水都有自己专属的档案，根据公司情况存档三到五年。注册生产批号之后，就会开始单元灌装。在整个操作流程中，每条产品线都设有监控，对香水瓶、瓶盖、包装和成品的外观进行检验。

安全条例

针对香水与化妆品的流通，已经颁布了多项安全条例。

历史上，美国在 20 世纪 60 年代成立了香料研究所（RIFM）。该机构负责研究原料要如何使用不会产生非预期的效果。为提供更宽松的安全边际，测试用的试验品浓度都在常规产品浓度的十倍或以上。

为了完善自我监管机制，1973 年，香水行业成立了自己的机构：国际香精香料协会（IFRA）。该协会采纳 RIFM 的数据来规范香料成分的使用，并且建立了相应的业务准则 [1]。从那时起，香水公司就有法律义务遵循该机构的建议。每种原料均附有 IFRA 的认证证书。

1. 查询相关信息可访问网站：www.ifraorg.org。

232

。《化学品安全说明书》

除此之外，从 1991 年起，所有香氛制品在交付时还需提交《化学品安全说明书》（MSDS）。该说明书以欧洲 91/155/CE 号指令为基础，包含了 16 项信息：

1. 产品的商品名、制造商和供应商；

2. 产品的性质、CAS 编号 [1] 和 EINECS 编号 [2]；

3. 危险性概述；

4. 急救措施；

5. 消防措施；

1.CAS 编号全称为"Chemical Abstract Substance"，即"化学物质登录号"。——原注

2.EINECS 编 号： 全 称 "European Inventory of Existing Commercial Chemical Substances"， 即"欧洲现有商业化学物品目录"。——原注

6. 泄漏应急处理；

7. 装卸与储存注意事项；

8. 接触控制和个人防护；

9. 理化性质；

10. 产品稳定性和反应性；

11. 毒理学资料；

12. 生态学资料；

13. 废弃处置；

14. 运输信息；

15. 监管信息（涵盖进一步的指令）；

16. 其他信息。

随《化学品安全说明书》还附有一份关于潜在过敏原的说明（迄今为止已鉴定出 26 种过敏原）。

。《化妆品规定》

对于香水产品，1975 年，法国推出了第一项化妆品产品法规《韦伊法案》(Simone Veil)[1]；次年，布鲁塞尔通过了相关的欧洲指令[2]。这项指令规范了制造商和成

1.《韦伊法案》：1975 年 7 月 17 日，由法国前卫生部部长、欧洲议会主席、法兰西宪法委员会成员西蒙娜·韦伊（Simone Veil）提出，为化妆品确立了法律基础。

2. 当时是欧洲共同体时期，该共同体成立于 1967 年，由欧洲煤钢共同体、欧洲原子能共同体、欧洲经济共同体合并而成，总部设在比利时布鲁塞尔。

员国的义务，并且定期更新。

为了进一步提高消费品的安全性，自 2009 年 9 月 30 日起，第 1223/2009 号《化妆品规定》取代《韦伊法案》部分内容开始生效，并最终在 2013 年 7 月全面落实。该项新规定特别引入负责人概念，对化妆品负责人着重提出了三项要求：（1）确保进入市场的每一件产品都必须符合该法规规定；（2）负责人要向欧洲中心提供产品配方的电子申报书；（3）如产品含有"纳米材料"，必须贴上相应的标签。

香水公司有义务遵守这些指令和规定。产品投放市场前，必须符合以下条件：

1. 供应商需出具香氛制品的安全证明。

2. 商品需符合化妆品第 76/768/EEC 号指令（包括定期修订）。该指令明确提出
   关注消费者安全，强调了无害产品的重要性。该项指令经《公共卫生法典》确
   认，已纳入法国法律体系。

3. 将产品投放市场时，企业必须填写相关声明，说明负责制造、包装、品控和仓
   储的相关人员姓名和资质。

4. 严格规范商品标签，特别是需要提供芳香成分所含过敏原的列表，必要时还需
   提供使用时的注意事项。

5. 生产批次必须可追溯。

6. 制造商必须确保最终产品的稳定性。如果最短保质期少于 30 个月，那么成品必须标明使用期限。若超过 30 个月，则须标注"开启后有效期限"，即在此期间内，该产品不会有损害消费者健康的风险。

7. 该指令规定了化妆品中微生物的纯净度标准，接受"挑战性试验"的评估，证实产品中防腐剂的有效性。

8. 制造商有义务证明其产品无害。产品的安全证书需由毒理学专家签署。动物试验属于违法，现已被对细胞培养体或对志愿者进行的试验所取代。推荐的试验涉及皮肤和眼睛原发性刺激、临床使用试验、光毒性、致敏性、各类光敏性（取决于产品属性及身体使用部位）。但这些测试的责任归属于市场投放者，并非强制。

9. 若品牌发表了任何关于化妆品产品的功效、成分等描述，务必要对该描述的真实性提供证明。

10. 生产商需随时准备向中毒控制中心提供完整配方。根据规定，在紧急医疗情况下，需以电子文件方式将产品配方告知欧盟委员会告，用于急救处理。

11. 新法规要求生产商准备好产品信息档案，标注在指定的标签位置，以便各成员国随时获取。其内容包括：

（1）化妆品产品描述，以便清晰明确地在标签信息与其对应产品之间建立联系；

（2）化妆品安全报告；

（3）生产制造的工艺描述，以及符合《药品生产质量管理规范》的声明；

（4）若声称化妆品产品具有某种性质或者效果，则需提交该产品可带来的效果的证明或证据；

（5）为进行化妆品产品及其成分的安全性评估，生产商、委托方和供应商所进行的全部动物试验相关数据，包括按照其他国家法律、法规要求执行的动物试验；

（6）化妆品产品的视觉元素。

。化妆品产品安全报告

化妆品产品安全报告包括两部分，第一部分是关于化妆品产品的安全信息，内容包括：

1. 配方的定性说明和定量说明；

2. 物理及化学性质，产品稳定性；

3. 微生物规格和挑战性试验的结果；

4. 产品原料、混合物以及包装材料中的杂质和微量残留物信息，无论是正常使用的情况，还是作为合理预见；

5.人体暴露在产品各成分下的相关安全信息；

6.关于产品副作用及严重不良影响的现有数据，以及其他所有关于化妆品产品的
现有信息。

第二部分涉及化妆品产品的安全评估，其内容包括：

1.产品安全性的评估结论；

2.标签上的使用说明及警告；

3.对安全评估的科学推论做出解释；

4. 负责第二部分评估审核的相关人员的资质介绍。

。其他规定及要求

除了该指令所提出的诸项要求，品牌方还须确保其产品在欧洲以外的各个国家都完成注册，才能进入其市场。亚洲、拉丁美洲、中东和俄罗斯会要求提供具体流程、定量信息和定性信息、原料和成品的规格以及多份证书。日本、沙特阿拉伯和俄罗斯等国对标签有特殊规定。

根据该指令，一旦产品流入市场，制造商须遵守如下规定：

1. 建立产品安全体系，以识别产品的任何非预期效果，并在必要时进行医学检验；
2. 响应消费者关于产品信息的任何咨询，包括不良副作用、致癌成分、诱导胎儿
   突变成分、对生育有害的成分、过敏原等；
3. 向法国健康产品安全局及法国竞争、消费和反欺诈总局提供营销用的产品技术
   档案及其更新，以及所有能确认可追溯性、制造及管控条件的文件或手续。

自 2009 年 3 月起，欧盟地区禁止销售在此之后生产的主要成分涉及动物试验的
化妆品。为此，委员会给出了较长的准备期限，以便研发替代方法，取代过去非
常复杂的毒理学实验。

目前，所有化妆品成分都必须符合《化学品的注册、评估、授权和限制》规定，例如提供所有物质——包括单一物质和混合物——的毒理学信息和生态毒理学资料。最终产品还需接受检验，以符合环保和健康要求以及《药物非临床研究质量管理规范》或《药品生产质量管理规范》。

在未来，随着《全球化学品统一分类和标签制度》（GHS）的引入，亚、欧、美三大工业区之间的法规差异将会逐步消除，有望最终建立国际标准化标签规范。

产　品

"古龙水"（EDC）、"淡香水"（EDT）、"淡香精"（EDP）和"香精"（extrait）这些词，
并不仅仅指香水浓缩液的浓度，更是香水的不同展现形式。

古龙水（占法国香水销售额的 2%）源于德国城市科隆——古龙水产品最早的制
造地。古龙水曾经是一种身体卫生产品，在当时也被当作治疗各种头疼脑热的万
金油。20 世纪以来，它一直与卫生保健、舒缓身心有关，经常和体育活动关联。

在女士香水中，淡香水（占法国销售额的 50%）扮演的角色是伊壁鸠鲁式的，能留下微弱但可追溯的香痕；淡香精（占法国销售额的 45%）的香痕则更为浓郁、饱满；香精（法国销售额的 2.5%）是所有香水中最馥郁浓醇、持久亲肤的表现形式。

在男士香水中，淡香水占据了 90% 的市场份额，而须后水的销售额不足 5%。虽然有更高浓度的淡香水、淡香精可供男士选择，但很少有香精。

浓　度

虽然全球化让消费者的口味越来越一致，但就香水而言，浓度依然决定了人们的选择。简单来讲，日本等亚洲国家消费者偏爱低浓度香水，以免掩盖皮肤的自然气味；而美国消费者更喜欢可以掩盖皮肤气味的高浓度香水；北欧人的品味类似美国，而南欧人则喜欢可以增强皮肤自然气味的中等浓度香水。

根据产品的制造地、人们的使用传统和习惯以及浓度，香水可分为：

- 古龙水：含有 2% 到 4% 的香水浓缩液（请注意，美国的古龙水相当于欧洲的淡香水）

- 淡香水：含有 5% 到 20% 的香水浓缩液

- 淡香精：含有 10% 到 20% 的香水浓缩液

- 香精：含有 15% 到 35% 的香水浓缩液

国际市场品牌

香精香料行业

香精香料行业由合成香料、天然香料、香料浸膏及食用香精的生产商构成。国际
香精香料行业在 2008 年的销售总额约为 158 亿欧元，其中法国公司占总销售额
的 15%，而行业的"五大巨头"占据了 60% 的国际市场份额。

。奇华顿（Givandan）
1895 年，创始人格扎维埃·奇华顿和莱昂·奇华顿于瑞士苏黎世成立奇华顿公司；
1898 年设总部于日内瓦附近的韦尔涅。作为世界领先的香精香料公司，2007 年奇华

顿占有 18.4% 的国际市场份额。2011 年，奇华顿公司总营业额为 32 亿欧元，其中 53% 为食用香精，47% 为日用香精。

。芬美意（Firmenich）

1895 年，家族企业芬美意公司成立于瑞士日内瓦，这里至今仍是其总部所在地。作为高端香料领域的领跑者，2007 年芬美意占国际市场份额 12.7%，总营业额达 19.5 亿欧元；2010 年总营业额为 24 亿欧元。芬美意的产品可分为食用香精、日用香精及香料原料。

○ 国际香精香料公司（International Flavors and Fragrances,IFF）

1958 年，国际香精香料公司于美国成立，总部设在纽约。作为世界领先企业之一，2007 年国际香精香料公司占国际市场份额 11.5%，营业总额达 17.52 亿欧元；2011 年总营业额为 20.8 亿欧元，其中 54% 为香水和香料原料，46% 为食用香精。

○ 德之馨（Symrise）

2003 年，德国公司哈门雷默和德威龙宣布合并成立德之馨公司，总部位于霍尔茨明登。2007 年，德之馨占据了 9.3% 的市场份额，总营业额为 14.45 亿欧元；2010 年国际市场份额增长至 11%，总营业额达 15.7 亿欧元，包括 51% 的日用香

254 精和 49% 的食用香精。

。高砂（Takasago）

1920 年，日本高砂香料工业株式会社成立，总部位于东京。2007 年高砂占据 5.6% 的国际市场份额，营业总额约 10.4 亿欧元，其中 57% 是食品香精，21% 是香料香精，22% 是精细化学品；2011 年，高砂的全球总营业额为 10.6 亿欧元。

除了以上几家行业领先企业，设在法国南部格拉斯地区的众多企业也是这一行业的重要参与者，它们最初都是重要的天然香料生产商。

格拉斯香精香料行业

组成格拉斯地区香精香料行业的企业大部分是始于 18 世纪的家族企业。这些企业不断成长并适应社会、技术和立法方面的变化。尽管许多产品在格拉斯本地提取，但也有产品会从中国、北非、印度、印尼及美国的生产基地进口；这些产品经过加工处理，以适应调香师的需求。由于得天独厚的专业"基金"，格拉斯在香水行业仍占有不可或缺的地位。2007 年，格拉斯的香精香料行业收入达到 6.5 亿欧元，占地区出口总额的 70%，直接为当地 3500 人创造了就业机会。到了 2011 年前后，这个数字提高到 3800 人。

以下为部分格拉斯本地企业介绍。

◦马内（Mane）

马内公司位于格拉斯周边的卢河畔勒巴地区，日用香精和食用香精的生产制造商，专业生产天然香料。2007 年，马内公司营业额达 3.33 亿欧元；2011 年营业额为 5.3 亿欧元，其中包括50%的食用香精、40%的日用香精和10%的香料原料。

◦罗贝泰（Robertet）

1850 年，罗贝泰成立于格拉斯，负责设计、生产香水和食用香精，专业生产天然原料。2007 年，公司营业总额为 2.41 亿欧元（含夏拉波香精香料公司[1]的业务）；

2011 年，罗贝泰总营业额为 3.73 亿欧元，包括 38% 的食用香精、37% 的日用香

精和 25% 的香料原料。

○莫雷实验室（Laboratoire Monique Rémy）

莫雷实验室简称 LMR，1983 年成立于格拉斯，2000 年成为国际香精香料公司的

子公司。该公司的业务仅限于天然香料的生产制造。2007 年，莫雷实验室的营业

额为 1440 万欧元；2011 年为 1860 万欧元。

1. 夏拉波香精香料公司：成立于
1899 年，总部位于格拉斯。2007 年
底被罗贝泰公司收购。

。帕扬贝特朗（Payan Bertrand）

1854 年，帕扬贝特朗公司成立于格拉斯，主要为日用香精和食用香精生产天然原料。2007 年营业额达 1600 万欧元；2011 为 1800 万欧元，包括 35% 的食用香精，35% 的日用香精和 30% 的天然原料。

香水与化妆品行业

香水与化妆品行业由香水、美容护理产品、彩妆以及卫生清洁用品生产商组成。

国际市场上，大部分香水与化妆品品牌来自美国和法国，而日本品牌则专注于化妆品的生产制造。据估算，2007 年全球香水与化妆品市场价值约为 1320 亿欧元。

在法国，香水与化妆品行业对国民经济的贡献很大，法国人均每年在此领域消费 205 欧元。在该领域的世界排名上，法国也名列前茅，2007 年，全球香水与化妆品销售额为 163 亿欧元，其中法国市场贡献了 69 亿欧元。这个行业也是法国的第三大出口行业，2010 年的贸易顺差达到了 76 亿欧元。

2010 年，全球香水与化妆品销售额达到 218 亿欧元，其中出口额达 96 亿欧元（欧洲占 70%，亚洲占 12.5%，美国占 8.5%）。欧莱雅集团是全球头号化妆品公司，而美国科蒂集团则是全球第一大香水公司。

香水与化妆品行业的主要企业如下：

。路威酩轩（LVMH）

集团的自我定位是"精致西方生活艺术的大使"："我们希望通过我们的产品及其所代表的文化，将传统与现代结合，将梦想带入生活。"路威酩轩集团负责很多香水与化妆品品牌的生产与分销，包括：迪奥、纪梵希、娇兰、高田贤三、帕尔玛之水（Acqua di Parma）、宝格丽、璞琪（Emilio Pucci）、芬迪（Fendi）。2011年，该集团总营业额为 236 亿，其中香水与化妆品为 32 亿欧元。

。香奈儿（Chanel）

多年以来，香奈儿集团一以贯之地在高级定制、成衣、珠宝、配饰、香水和化妆品等领域展现自己对奢侈、品质与法式生活方式的理解。其营业额估计为 28 亿欧元，主要源自香水与化妆品产品。

。爱马仕（Hermès）

作为法式奢侈的代表，爱马仕的自我定位并不是一家时尚公司，而是"造物之
家"。爱马仕的多元化产品线就体现了这一点，包括马具、丝绸、皮具、女装、
男装、鞋类、珠宝、餐具和香水等。爱马仕坚持"创造持久的产品"。2011 年，
其营业总额为 28 亿欧元，其中 6% 为香水产品。

。欧莱雅（L'Oréal）

稳坐全球化妆品行业第一把交椅的欧莱雅不断投资于研发，以确保产品的安全性、
质量和创新。如今，集团的定位是："让世界各地的女性和男性更美，并提供日常

解决方案，满足人们追求幸福的基本需求。"欧莱雅集团在 130 个国家开展业务，负责诸多香水品牌的生产与分销，包括：阿玛尼（Giorgio Armani）、卡夏尔、兰蔻（Lancôme）、拉夫劳伦（Ralph Lauren）、维果罗夫（Viktor & Rolf）、姬龙雪、毕加索（Paloma Picasso）、科颜氏（Kiehl's）、碧欧泉（Biotherm）以及迪赛（Diesel）。2007 年，该集团的营业额达 171 亿欧元，其中包括约 10% 的香水收入。2008 年，欧莱雅集团收购了圣罗兰美妆、香邂格蕾，并获许销售宝诗龙（Boucheron）、斯特拉（Stella McCartney）、奥斯卡·德拉伦塔（Oscar de la Renta）、马丁·马吉拉（Maison Martin Margiela）香水。2011 年，欧莱雅集团总营业额为 195 亿欧元，其中 41 亿源自奢侈品部的香水与化妆品产品。

○科蒂（Coty Inc.）

这家美国公司是香水行业的龙头老大，最初是一家法国公司。该集团的愿景源自创始人弗朗索瓦·科蒂对潜在香水市场的看法：在不失去"奢侈品"属性的前提下，实现香水的普及化。2011 年，科蒂集团总营业额为 41 亿欧元，其中香水营业额为 23 亿欧元。

科蒂集团旗下有两条产品线："科蒂高端"（Coty Prestige）和"科蒂美妆"（Coty Beauty）。

"科蒂高端"为以下品牌生产和分销香水与化妆品：巴黎世家（Balenciaga）、葆蝶家（Bottega Veneta）、凯文克莱、切瑞蒂（Cerruti）、蔻依（Chloé）、萧邦（Chopard）、大卫杜夫、盖尔斯（Guess）、富贵猫（House of Phat）、祖蓓（Jette Joop）、吉尔·桑达（Jill Sander）、乔普（JOOP!）、卡尔·拉格斐（Karl Lagerfeld）、凯特·莫斯（Kate Moss）、肯尼施科尔（Kenneth Cole）、兰嘉丝汀（Lancaster）、马克·雅可布（Marc Jacobs）、诺帝卡（Nautica）、尼歌斯（Nikos）、罗伯特·卡沃利（Roberto Cavalli）、莎拉·杰西卡·帕克（Sarah Jessica Parker）、王薇薇（Vera Wang）、薇薇安·威斯特伍德（Vivienne Westwood）。

266 "科蒂美妆"为以下品牌生产和分销香水与化妆品：阿迪达斯（Adidas）、阿斯宾
（Aspen）、阿斯特（Astor）、碧昂丝（Beyoncé）、席琳·迪翁（Céline Dion）、珍
宝珠（Chupa Chups）、贝克汉姆（David and Victoria Beckham）、绝望的主妇（Des-
perate Housewives）、思捷（Esprit）、感叹号（Ex'cla-ma'tion）、伊莎贝拉·罗西里
尼（Isabella Rossellini）、祖梵（Jovan）、凯莉·米洛（Kylie Minogue）、六十年代小
姐（Miss Sixty）、动感小姐（Miss Sporty）、皮尔·卡丹（Pierre Cardin）、花花公子
（Playboy）、芮谜（Rimmel）、仙妮亚·唐恩（Shania Twain）、斯特森（Stetson）、香
草地（Vanilla Fields）。

。雅诗兰黛（Estée Lauder）

这家美国公司是美妆产品领域的顶尖企业之一，其企业格言是："为我们遇见的每位顾客提供最好的产品与服务。"雅诗兰黛集团在 150 个国家生产和分销 25 个品牌，包括：雅诗兰黛、雅男仕、芭比波朗（Bobbi Brown）、倩碧（Clinique）、齐敦（Kiton）、唐娜·凯伦（Donna Karan）、迈克·高仕（Michael Kors）、悦木之源（Origins）、秘制配方（Prescriptives）、汤姆·福特（Tom Ford）、汤米·希尔费格（Tommy Hilfiger）、祖·玛珑（Jo Malone）、米索尼（Missoni）、杰尼亚（Emernegildo Zegna）。2007 年，雅诗兰黛集团的总营业额为 54 亿欧元；2011 年增长至 88 亿欧元。

。普伊格（Puig）

这家西班牙公司于 1914 年由安东尼奥·普伊格（Antonio Puig）创立。1996 年，公司更名为"普伊格美容时尚集团"。其香水业务分为"极致系列"(Prestige)、"精品系列"(Premium) 和"美丽系列"(Beauty) 三条产品线。普伊格集团在 150 个国家开展业务，为诸多品牌生产和分销香水，包括：华伦天奴（Valentino）、普拉达（Prada）、帕高、莲娜丽姿、卡罗琳娜·海莱拉（Carolina Herrera）、叛逆女士（Lady Rebel）、维多利奥 & 卢基诺（Victorio & Lucchino）、阿嘉莎（Agatha Ruiz de la Prada）、阿道夫·多明格斯（Adolfo Dominguez）、魅力之水（Agua Bra-va）、布鲁梅尔（Brummel）、法定人数（Quorum）、帕查（Pacha）、安东尼奥·班德拉斯（Antonio Banderas）、夏奇拉（Shakira）。2007 年，该集团营业额为 9.54 亿欧元；2011 年达到 12 亿欧元。

。宝洁（Procter & Gamble）

美国宝洁公司主要生产洗涤剂、肥皂、化妆品和药品，业务遍及 180 个国家。该集团为以下品牌生产和分销香水：安娜苏（Anna Sui）、克里斯蒂娜·阿奎莱拉（Christina Aguilera）、布鲁·百纳尼（Bruno Banani）、杜嘉班纳（Dolce & Gabbana）、登喜路（Dunhill）、爱斯卡达（Escada）、古驰（Gucci）、雨果博斯（Hugo Boss）、法国鳄鱼（Lacoste）、娜奥米·坎贝尔（Naomi Campbell）、老香料

（Old Spice）、罗莎。该集团 2011 年营业额估计为 186 亿欧元。

还有其他一些重要的香水与化妆品集团，包括英荷跨国公司联合利华（Unilever），负责法贝热"香槟"（Brut，Fabergé）香水的生产与分销。日本的资生堂集团（Shiseido）虽然核心是一家化妆品公司，但也负责生产和分销资生堂与芦丹氏的香水。

分　销

在法国，香水通过四类渠道进行分销：

· 　大型经销商：占香水与化妆品行业销售额的一半以上，但香水仅占其中5%。

· 　选择性分销渠道：包括约2500个销售网点，其中四分之三隶属于四大香水与化妆品零售连锁集团——玛丽诺（Marionnaud）、丝芙兰（Sephora）、道格拉斯（Douglas）和诺丝贝（Nocibé）；其营业额的60%以上来自香水。

· 　药房[1]：60%的销售额属于化妆品产品，只有1%属于香水。

1. 欧美的药房都贩卖化妆品（广义），包括彩妆、药妆、香水等。

· 直销渠道：主要由伊夫·黎雪（Yves Rocher）和巴黎创意美家（Club des Créateurs de Beauté）两个品牌推动，后者属于欧莱雅集团和 3S 邮购公司（3 Suisses）。它们占市场份额的 7%。

要知道，近 60% 的香水与化妆品行业营业额来自出口，而不同出口国也存在多种多样的分销途径和渠道。

香水的保护

与其他奢侈品一样，香水极易被假冒，因此需要保护。在法国，虽然产品的名称、容器和包装很容易通过商标、工业品外观设计以及地理标志方面的法律得到保护，但香水却不是这么回事。

名称、容器和包装的保护

保护香水的第一步就是将选定的名称注册为商标。由于在国际商标分类第三类（香水包含在该类别中）里的注册商标数量非常庞大，再加上这个行业都倾向于采用令人浮想联翩的名字，所以这一过程非常复杂。

通过提交设计图纸或模型，香水瓶或容器可以获得最长 25 年的保护期（每次续展 5 年，有 4 次续展期）。如果香水瓶的设计特色鲜明、极具原创性，一提到名字就令人想到瓶身设计，那么这样的瓶子就可以注册成立体商标，从而获得无限期的保障（需定期续展）。

包装通常通过提交图形商标来获得保护。该商标需显示包装上印刷的完整设计图案，尤其是与所选名称匹配的艺术字体、装饰设计和颜色。

因此，保护这些不同的设计要素并没有什么特别的困难。即便在缺少商标保护的情况下，它们也可以受到欧盟版权法（根据多重保护原则）和 / 或反不正当竞争法的保护。

然而，对香水本身而言，情况却并非如此。

香水气味的保护

由于香水公司和 / 或调香师都会精心保存香水配方，所以"保密"就成了保护香水产品远离窥探的最自然的方式。尽管如此，多年以来，香水公司也一直在寻找其他更有效的方法来保护自己。

。专利保护

从纯法律角度来看，香水完全可以注册专利，只不过须以持久形式（作为完整配方而非香水样品）来注册。在实践中，这种形式的保障似乎完全不适用于香水业。因为公布配方就等于公开秘密，而且专利提供的保护期太短，只有 20 年，而香水的寿命可能更长。

○商标保护

虽然似乎尚无明确理由反对通过商标法来保护气味，但一些法律规范和判决先例阻碍了香水注册为商标。

在 2002 年，欧盟法作为商标保护领域的先驱 [1]，设定了一套非常严苛的保护标准。即便气味以物理介质尤其是化学配方的形式呈现，也只有在图示"清晰、准确、

1. 详见：欧盟知识产权局第二上诉委员会于 1999 年 2 月 11 日公布的宣判结果，"Vennoostschap onder Firma Senta Aromatic Marketing"。——原注

完整、易于理解、持久和客观"的前提下才能受商标法保护。[1]

法律要求商标必须有特色，可以被明确区分出来。这就意味着，商标不能使用相关产品或服务的描述，而应该是随机选择的结果。因此，"新割下的青草气味"可以注册为网球的商标名，但以香水的气味用作辨别香水的关键词，似乎并不适用该项保护。

所以说，商标可以在感官营销中用于保护某种气味（如"带有橙子气味的铅笔"），但却不能直接应用于香水行业本身。

1. 详见：欧洲联盟法院于2002年12月12日公布的宣判结果，"Sieckmann"。——原注

。版权保护

要想获得版权保护，产品就要能被定义为"头脑的作品"。《法国知识产权法典》第 L112-2 条提供的不完全产品列表中并未提到香水。该列表所提到的"作品"都有一个共通之处，即公众可以通过视觉或听觉接收这些作品——而触觉、味觉、嗅觉在这个列表中是缺失的。

然而根据 1975 年 7 月 3 日巴黎上诉法院的裁决，尽管该法典只提到了视听作品，但原则上并没有排除通过其他三种感官感知到的作品，只要它们表现出独创性，并带有创作者的"个性印记"。

巴黎商事法庭在 1999 年 9 月 24 日所做的一项判决中首次明确承认香水是"头脑的作品":"创作新香水是真正的艺术探索的成果。""毫无疑问,这是来源于头脑的工作。"

自那时以来,出现了各种有利于香水版权保护的裁决。特别是 2006 年 1 月 25 日巴黎上诉法院第四审判庭做出的判决,强调《法国知识产权法典》第 L112-2 条"(虽然)没有提供符合版权保护条件的作品的详细清单,也没有排除通过嗅觉感知的作品。只要作品的形式可被感知,作品的固定化不是获得版权保护的必要标准。可以确定,香料这种嗅觉成分的组合物满足该条件。因此,香水足以成为

'头脑的作品'，适用《法国知识产权法典：第一卷》并受其保护，只要创作者在其中贡献的创造性工作可展现出原创性。"由此，"香水是萃取物以一定比例形成新的组合，使其散发出特定气味；而最终释放的香调恰恰反映了设计者在其中的创造性贡献"。

然而，在 2006 年 6 月 13 日的一项重要裁决中，最高法院似乎对这一判决先例提出了质疑，指出"香水的气味源于对一种经验技能的简单应用，按上述法条（《法国知识产权法典》第 L112-1 条和 L112-2 条），并不具备依据版权法受到保护的'头脑作品'的资格"。

284 这一判决似乎违背了 1975 年以来历任法官的观点，将香水的成分贬低为"经验技能的简单应用"。现在评估该判决的影响还为时过早，但值得注意的是，这项由最高法院第一民事审判庭 [1] 做出的裁决，明确地表明了高级法官在这一问题上的立场。这一判决的正当性或许在于迫切的经济需要，以及一旦承认香水受版权保护将会导致的难以回避的种种问题。

。反不正当竞争法保护

根据目前的法律规定，反不正当竞争法和适用范围更为广泛的民事法则诉讼似乎是保护香水的最有效依据，至少在法国如此。

1. 涉及文学艺术作品的纠纷由第一民事审判庭裁决。——原注已有数项判决处罚了产品气味明显雷同于竞品的香水制造商 [1]，这些裁决中也包括被模仿的一方被认为不具有足够独创性、没有明显的创作者"个性印记"而无法受到版权法保护的情况。[2]

在解释其裁决时，法官认为，这种行为违背了公平竞争的商业惯例，因为它试图利用竞争对手的投入成本来获利，其唯一目的是将该竞争对手的客户转移到第三方，由此给对手造成损失。

当我们查看法律要求时会发现，为香水配方申请专利不能提供必要的保护。因为

1. 详见：1998 年 3 月 27 日巴黎大审法院公布的宣判结果，"L'Oréal c/ PLD Enterprises"。——原注

2. 详见：2004 年 5 月 26 日巴黎大审法院公布的宣判结果，"Sté L'Oréal et consorts c/ S té B. ellure et cosorts"。——原注

专利申请需要填报香水配方，这必然会消解香水的"保密性"这一要素。版权保护或将成为更有效的解决方案，特别是如今有一整套分析技术可以揭露仿冒品。在前文中，我已经阐明了香水不应被贬低为某种技术或诀窍。人类无法定义"艺术品"或许也是某种幸运，这使香水得以成为"头脑的作品"。

香水及其调香师

本书所涉及的主要香水请参考本节，
包括香水名、品牌、发布时间和调香师。

。 阿奈丝，阿奈丝，卡夏尔
　　1978 / 雷蒙德·沙扬、罗歇·佩莱格里诺

。 爱马仕之水，爱马仕
　　1951 / 埃德蒙·罗尼斯卡

。 爱之鼓，娇兰
　　1969 / 让－保罗·娇兰

。 白树森林，阿蒂仙
　　2003 / 让－克罗德·艾列纳

。 比翼双飞，莲娜丽姿
　　1948 / 弗朗西斯·法布龙

◦ 查理，露华浓
1973 / 弗朗西斯·卡马伊

◦ 丑闻，浪凡
1932 / 安德烈·弗雷斯

◦ 初遇，梵克雅宝
1976 / 让－克罗德·艾列纳

◦ 大地，爱马仕
2006 / 让－克罗德·艾列纳

◦ 迪奥小姐，迪奥
1947 / 让·卡莱斯

◦ 迪奥之韵，迪奥
1956 / 埃德蒙·罗尼斯卡

◦ 第一铃兰，妙巴黎
1955 / 亨利·罗贝尔

◦ 地中海花园，爱马仕
2003 / 让 - 克罗德·艾列纳

◦ 毒药，迪奥
1985 / 爱德华·弗莱希耶

◦ 芳香精粹，倩碧
1972 / 博纳尔·钱特

292

- 匪盗，罗拔贝格
  1944 / 热尔梅娜·塞利耶

- 斐济，姬龙雪
  1966 / 约瑟芬·卡塔帕诺

- 高田贤三同名之水男士，高田贤三
  1991 / 克里斯蒂安·马蒂厄

- 古香琥珀，科蒂
  1910 / 弗朗索瓦·科蒂

- 黑色达卡，姬龙雪
  1982 / 皮埃尔·瓦格涅

- 红衣女郎，罗莎
  1994 / 莫里斯·鲁塞尔

- 蝴蝶夫人，娇兰
  1919 / 雅克·娇兰

- 欢沁，雅诗兰黛
  1995 / 安妮·布赞蒂安、阿尔贝托·莫里利亚斯

- 皇家馥奇，霍比格恩特
  1882 / 保罗·帕尔凯

- 皇族之花，霍比格恩特
  1913 / 罗贝尔·别奈梅

294

∘ 鸡尾酒，让·巴杜
1930 / 亨利·阿尔梅拉

∘ 绛三叶，皮维
1905 / 乔治·达尔藏

∘ 金色烟草，卡朗
1919 / 埃内斯特·达尔特罗夫

∘ 禁果，玫瑰心
1913 / 亨利·阿尔梅拉

∘ 禁忌，丹娜
1932 / 让·卡莱斯

◦ 橘彩星光，爱马仕
　　2004 / 拉尔夫·施维格、纳塔莉·费斯托埃

◦ 卡纷香根草，卡纷
　　1957 / 爱德华·阿什

◦ 卡兰德雷，帕高
　　1969 / 米歇尔·依

◦ 蓝调时光，娇兰
　　1912 / 雅克·娇兰

◦ 冷水，大卫杜夫
　　1988 / 皮埃尔·布尔东

296

◦ 绿茶，宝格丽
1992 / 让-克罗德·艾列纳

◦ 绿色草园，巴尔曼
1947 / 热尔梅娜·塞利耶

◦ 绿野仙踪，希思黎
1976 / 让－克罗德·艾列纳

◦ 满堂红，娇兰
1965 / 让－保罗·娇兰

◦ 美丽，雅诗兰黛
1985 / 索菲亚·格罗伊斯曼

- 尼罗河花园，爱马仕
  2005 / 让 – 克罗德·艾列纳

- 女士，罗莎
  1947 / 埃德蒙·罗尼斯卡

- 琶音，浪凡
  1927 / 安德烈·弗雷斯

- 乔治，比华利山
  1981 / 弗朗西斯·卡马伊、M.L.坎斯、哈里·卡特尔

- 青春朝露，雅诗兰黛
  1953 / 约瑟芬·卡塔帕诺

298

　° 清风拂面，科蒂
　　1907 / 弗朗索瓦·科蒂

　° 清新之水，迪奥
　　1966 / 埃德蒙·罗尼斯卡

　° 十九号，香奈儿
　　1970 / 亨利·罗贝尔

　° 太阳王，莎娃蒂妮
　　1997 / 菲利普·罗马诺

　° 逃避，凯文克莱
　　1991 / 不详

- 天使，蒂埃里·穆勒
  1992 / 奥利维耶·克雷斯普

- 唯我独尊，卡地亚
  1981 / 让－雅克·迪耶内

- 唯一，凯文克莱
  1994 / 阿尔贝托·莫里利亚斯、哈里·弗里蒙特

- 五号，香奈儿
  1921 / 埃内斯特·博

- 午夜飞行，娇兰
  1933 / 雅克·娇兰

300

- 西普，科蒂
  1917 / 弗朗索瓦·科蒂

- 喜悦，让·巴杜
  1929 / 亨利·阿尔梅拉

- 香槟，法贝热
  1968 / 卡尔·曼

- 香根草，娇兰
  1959 / 让－保罗·娇兰

- 香根草之水，纪梵希
  1959 / 于贝尔·纪梵希

◦ 新西部，雅男仕
1965 / 伯纳德·钱特

◦ 幸福铃兰，卡朗
1952 / 米歇尔·莫尔塞蒂

◦ 喧哗，罗拔贝格
1948 / 热尔梅娜·塞利耶

◦ 鸦片，圣罗兰
1977 / 让－路易·西厄扎克

◦ 一千零一夜，娇兰
1925 / 雅克·娇兰

◦ 驿马车，爱马仕
　1961 / 居伊·罗贝尔

◦ 永恒，凯文克莱
　1989 / 卡洛斯·贝奈姆

◦ 雨后花园，爱马仕
　2008 / 让－克罗德·艾列纳

◦ 掌上明珠，娇兰
　1889 / 艾梅·娇兰

◦ 真爱，伊丽莎白雅顿
　1994 / 索菲亚·格罗伊斯曼

◦ 阵雨过后，娇兰
  1905 / 雅克·娇兰

◦ 殖民地，让·巴杜
  1938 / 亨利·阿尔梅拉

◦ 只爱我，卡朗
  1916 / 埃内斯特·达尔特罗夫

词
汇
表

◦ 净油（Absolute）
对浸膏中的可溶性部分进行冷浸所获得的产物。

◦ 谐调（Accord）
至少两种芳香物质的组合所产生的嗅觉效果。

◦ 醛香（Aldehyde）
指一种化学性能，以及某些合成物质，具有强烈的气味。从 1905 年起，醛香
开始应用于香水业。

◦ 琥珀（Amber）
指一种基香，它是几种物质的混合物，其特征由香兰素和劳丹脂所营造。这种
谐调出现在琥珀调香水中，后者有时候也被称作东方调。

◦ 龙涎香（Ambergris）
抹香鲸肠道的病理性分泌物。抹香鲸排泄后，这种分泌物会在海上漂流，最终
在海岸上被收集起来。龙涎香现在很少使用。

◦ 原型（Archetype）
根据其个性化特征进行评判的香水，是该范畴的完美体现。它构成了一类香水
的核心，它们都具有家族相似性和气味相仿性。

◦ 香脂（Balsam）
可以直接用于香水配方的植物渗出物。

◦ 基香 / 香基（Base）
几种物质的混合物，通常会以一种新的合成分子为核心。

◦ 色谱法（Chromatography）
一种分析技术，用于发现、识别和计量一种原料或香水的诸成分。

◦ 西普（Chypre）
一类香水的名称。要想获得西普调，需要混合橡树苔、劳丹脂和广藿香。

◦ 浸膏（Concrete）
利用挥发性溶剂萃取新鲜植物原料（花朵、叶片、地衣、种子、木头等）而获得的产物。

◦ 古龙水（Eau de cologne）
名字源于德国城镇科隆（法语音译为古龙）。这种香水主要由柑橘类成分（采用 70% 的乙醇溶剂稀释）构成。

◦ 淡香水（Eau de toilette）
香水成分包括乙醇、水、香水浓缩液，有时候还会有着色剂。淡香水的浓度取
决于审美上的选择。

◦ 精华（Essence）
通过冷压法萃取柑橘皮获得的产物。

◦ 精油（Essential oil）
利用水蒸气来蒸馏新鲜 / 干燥的植物得到的产物。

◦ 香精（Extrait/Parfum）
最高度浓缩的香水形式。

○ 顶空（Headspace）

一种分析技术，主要用于就地获取植物所释放的气味，如花朵、果实等。随后在实验室中用色谱法和质谱法对吸收性滤器中获得的物质进行分析和确认，从而重构。

○ 馥奇（Fougère）

为一类香水虚构出的名称。通过混合橡树苔、薰衣草和香豆素获得。

○ 浸剂（Infusion）

天然或合成基质稀释在酒精中浸渍数月得到的产物。

○ 浸渍（Maceration）

使香水气味稳定所需要的过程。浸渍时，香料成分和乙醇之间发生多种理化反应。

◦ 熟成（Maturation）
使香水浓缩液（合成香料与天然香料的混合物）的气味趋于调和的必要过程。

◦ 介质（Medium）
用于稀释香水浓缩液的物质，如酒精、气体、洗涤剂、皂等。

◦ 麝香（Musk）
一种持久稳定的合成香料，也可以从动物身上提取。但随着人工合成麝香的普及，天然麝香的使用已日趋减少。

◦ 香树脂（Resinoid）
在乙醇中萃取香脂然后蒸发掉乙醇而获得的产物。

○ 试香纸 / 闻香条（Blotter）
可以吸取液体的纸条，用于闻原料和香水。

○ 固相微萃取（Solid-phase microextraction）
比顶空分析更便携的分析技术，它利用一个注射器装置，其中配有浸渍了特殊
介质的纤维，以此捕获、浓缩那些挥发性成分，进行分析。

拓
展
阅
读

以下图书有助于读者深入了解香水知识：

历史背景

- La Parfumerie française et l'art de la présentation[M]. Paris: La Revue des marques de la Parfumerie et de la Savonnerie, 1925.

- Annick Le Guérer. Le Parfum, des origines à nos jours[M]. Paris: Éditions Odile Jacob, 2005.

调香师

- Edmond Roudnitska. L'Esthétique en question[M]. Paris: Presses Universitaires de France, 1977.

- Élisabeth Barillé. Coty: Parfumeur visionnaire[M]. Paris: Assouline, 1995.

318

香水科技

· N. Neuner-Jehle & F. Etzweiler. The Measuring of Odors[M]. ed. by P.M. Müller & D. Lamparsky. Perfumes: Art, Science and Technology.London: Elsevier Science Publisher, 1991: 153-212.

· André Holley. Éloge de l'odorat[M]. Paris: Éditions Odile Jacob, 1999.

芳香植物

· Antonin Rollet. Plantes à parfums[M]. Paris: Connaissance et Mémoires Européennes, 1998.

致
谢

我是自学成才的，一路上遇到的很多出色的人——当然也包括他们的作品——成就了今天的我自己。

因此，我首先要感谢我的家人和孩子，然后要感谢我见过、拜读过或聆听过的那些朋友，他们中有音乐家、画家、作家、艺术家、哲学家、摄影师、科学家、律师，等等。

当然，我也要感谢爱马仕——匠人和艺术家的乐土。

名词索引

为便于中文读者查阅，本文按照汉语拼音顺序排序。

A

阿道夫·多明格斯　Adolfo Dominguez

阿迪达斯　Adidas

阿蒂仙　L'Artisan Parfumeur

阿尔贝托·莫里利亚斯　Alberto Morillas

阿尔凯利纳德　Arquelinade

阿嘉莎　Agatha Ruiz de la Prada

阿兰·桑德朗　Alain Senderens

阿里　Arys

阿玛尼　Giorgio Armani

阿奈丝，阿奈丝　Anaïs Anaïs

阿奈丝·宁　Anaïs Nin

阿涅尔　Agnel

阿斯宾　Aspen

阿斯特　Astor

埃德蒙德·鲁德尼兹卡　Edmond Roudnitska

埃米莉亚　Emilia

埃内斯特·博　Ernest Beaux

埃内斯特·达尔特罗夫　Ernest Daltroff

埃斯泰雷勒山　le Massif de l'Estérel

艾尔莎·夏帕瑞丽　Elsa Schiaparelli

艾梅·娇兰　Aimé Guerlain

爱德华·阿什　Edouard Hache

爱德华·弗莱希耶　Édouard Fléchier

爱德华·霍尔　Edward Hall

爱的婚礼　Mariage d'Amour

宝诗龙　Boucheron

保罗·波烈　Paul Poiret

保罗·帕尔凯　Paul Parquet

保罗·塞尚　Paul Cézanne

葆蝶家　Bottega Veneta

贝克汉姆　David and Victoria Beckham

比华利山　Giorgio Beverly Hills

比翼双飞　L'Air du Temps

彼查瑞　Bichara

碧昂丝　Beyoncé

碧欧泉　Biotherm

别样公司　The Different Company

波尔多　Bordeaux

川久保玲　COMME des GARÇONS

香精　parfum/extrait

D

大地　Terre

大卫杜夫　Davidoff

淡香精　eau de parfum

淡香水　eau de toilette

道格拉斯−诺丝贝　Nocibé et Douglas

德莱特雷　Delettrez

德瑞克·马尔　Frédéric Malle

德之馨　Symrise

登喜路　Dunhill

334

费利克斯·波坦　Felix-Potin

芬迪　Fendi

芬美意　Firmenich

弗朗索瓦·达格涅　François Dagognet

弗朗索瓦·科蒂　François Coty

弗朗西斯·法布龙　Francis Fabron

弗朗西斯·卡马伊　Francis Camail

弗朗辛　Francine

赋格　fugue

富贵猫　House of Phat

馥奇　Fougère

公共卫生法典　Code de la santé publique

古驰　Gucci

古典音乐 / 古典主义　Classical

古龙　Cologne

古龙水　eau de cologne

古香琥珀　Ambre Antique

固相微萃取　Solid-phase microextraction

国际香精香料　International Flavors and Fragrances（简称 IFF）

国际香精香料协会　International Fragrance Association（简称 IFRA）

国际装饰艺术博览会　Exposition internationale des arts décoratifs et d'industriels

H

哈里·弗里蒙特　Harry Fremont

极简主义　minimalist

纪梵希　Givenchy

加比亚　Gabilla

嘉柏丽尔·香奈儿　Gabrielle Chanel

绛三叶　Trèfle Incarnat

交响乐　symphony

娇兰　Guerlain

婕珞芙　Gellé Frères

杰尼亚　Ermenegildo Zegna

金色烟草　Tabac Blond

浸膏　concrete

浸剂　cnfusion

浸渍　caceration

344

勒内·拉利克　René Lalique

雷蒙德·沙扬　Raymond Chaillan

冷水　Cool Water

里高　Rigaud

莲娜丽姿　Nina Ricci

联合利华　Unilever

练习曲　étude

灵魂乐　soul

六十年代小姐　Miss Sixty

龙涎香　Ambergris

隆戈萨　Longoza

卢河畔勒巴县　Bar-Sur-Loup

吕西安·勒隆　Lucien Lelong

皮尔·卡丹　Pierre Cardin

皮诺　Pinaud

皮维　Pivert

璞琪　Emilio Pucci

普拉达　Prada

普伊格　Puig

Q

齐敦　Kiton

奇华顿　Givaudan

倩碧　Clinique

乔普　JOOP!

乔治　Giorgio

354　　莎拉·杰西卡·帕克　Sarah Jessica Parker

莎娃蒂妮　Salvador Dalí

沙龙　Niche

麝香　Musk

圣奥诺雷市郊路　rue du Faubourg Saint-Honoré

圣罗兰　Yves Saint Laurent

圣咏　canticle

十九号　N° 19

食品药品监督管理局　Food and Drug Administration（简称 FDA）

试香纸　blotter

抒情歌曲　ballade

熟成　maturation

说唱　rap

香脂　balsam

萧邦　Chopard

小步舞曲　minuet

谐调　accord

协奏曲　cncerto

写实主义　figurative

新纪元　New Age

新鲁汶大学　Catholic University of Louvain-La-Neuve

新西部　New West

幸福铃兰　Muguet du Bonheur

叙事风格　narrative

喧哗　Fracas

Y

鸦片　Opium

雅克·娇兰　Jacques Guerlain

雅男仕　Aramis

雅诗兰黛　Estée Lauder

《雅致》　*L'Excelsior*

药品生产质量管理规范　Good Manufacturing Practices（简称 GMP）

药物非临床研究质量管理规范　Good Laboratory Practice（简称 GLP）

一千零一夜　Shalimar

伊夫·黎雪　Yves Rocher

伊丽莎白雅顿　Elizabeth Arden

伊莎贝拉·罗西里尼　Isabella Rossellini

驿马车　Calèche

祖·玛珑　Jo Malone

祖蓓　Jette Joop

祖梵　Jovan

最高法院　la Cour de cassation

最高法院第一民事审判庭　la 1ère chambre civile de la Cour de cassation

.

湖 岸
Hu'an publications®

出版统筹 _ 唐 奂
产品策划 _ 景 雁
责任编辑 _ 叶 子   韩亚平
特约编辑 _ 陈晓菲   张引弘
营销编辑 _ 黄丽
装帧设计 _ 尚燕平
美术编辑 _ 王柿原
内文制作 _ 陆宣其

🐦 @huan404
⊚ 湖岸 Huan
www.huan404.com
联系电话 _ 010-87923806
投稿邮箱 _ info@huan404.com

感谢您选择一本湖岸的书
欢迎关注"湖岸"微信公众号